교과서보다 쉬운 연대별 과학이야기

# 청소년을 위한
# 중요 과학법칙 169

전파과학사는 독자 여러분의 책에 관한 아이디어와 원고 투고를 기다리고 있습니다. 디아스포라는 전파과학사의 임프린트로 종교(기독교), 경제·경영서, 일반 문학 등 다양한 장르의 국내 저자와 해외 번역서를 준비하고 있습니다. 출간을 고민하고 계신 분들은 이메일 chonpa2@hanmail.net로 간단한 개요와 취지, 연락처 등을 적어 보내주세요.

교과서보다 쉬운 연대별 과학이야기

# 청소년을 위한 중요 과학법칙 169

초판 1쇄  2010년 03월 20일
개정 1쇄  2023년 01월 10일

–
**지은이**  윤실
**발행인**  손영일
**디자인**  장윤진

–
**펴낸 곳**  전파과학사
**출판등록**  1956. 7. 23 제 10-89호
**주   소**  서울시 서대문구 증가로18, 204호
**전   화**  02-333-8877(8855)
**팩   스**  02-334-8092
**이 메 일**  chonpa2@hanmail.net
**공식 블로그**  http://blog.naver.com/siencia

ISBN  978-89-7044-375-1(03400)

교과서보다 쉬운 연대별 과학이야기

# 청소년을 위한 중요 과학법칙 169

**윤실** 지음

전파과학사

# 머리말

과학을 공부하거나, 독서를 하거나, 텔레비전을 시청할 때 과학의 법칙이나 원리를 자주 만난다. 과학이란 자연 현상이 나타나는 이유, 원리, 법칙 등을 연구하는 학문이다. 그러므로 자연의 기본 법칙을 이해하고 나면, 과학은 쉽고 재미있어진다.

인류는 살아오면서 자연을 알려고 애써왔다. 그것이 과학이다. 과학이 발전해오는 동안 여러 법칙(rule), 원리(principle), 이론(theory), 가설(hypothesis), 공식(公式 rule), 공리(公理 postulate), 정리(定理 theorem), 실험(experiment), 모형(模型 model), 체계(體系 system), 역설(逆說 paradox), 방정식(equation), 상수(常數 constant) 등이 발견되었다.

과학에는 각 분야에 따라 수많은 법칙과 이론이 알려져 있다. 이들 법칙, 이론, 원리들은 서로 연관되어 있으므로 이들을 전체적으로 이해하면 폭넓은 지식을 가지게 된다. 과학은 물리, 화학, 생물학, 천문학, 수학 등으로 크게 구분한다. 이 가운데 수학은 그 자체가 과학이기도 하지만, 다른 분야를 연구하는 필수적인 도구이기도 하다. 그래서 과학자들은 어떤 분야이든 수학을 기본적으로 공부한다.

이 책은 과학의 발전사에서 가장 중요하면서, 교과서와 잡지 및 신문 방송에 자주 등장하는 법칙과 이론 169항목을 골라, 그것이 알려진 연대

순에 따라 과학의 역사를 곁들여 해설서로 엮은 것이다. 각 항목은 연관된 법칙까지 소개하고 있어 전체적으로 200개 이상의 과학 법칙을 소개하고 있다.

- 이 책은 고대로부터 21세기 초까지의 과학 법칙과 이론을 소개하고 있으며, 전체적으로 1,000여 개의 중요한 과학 용어가 실려 있다.
- 과학 용어는 쉽게 설명했으며, 용어 뒤 괄호 안에는 한자와 영어를 넣어 의미를 확실하게 이해하는 동시에, 한자와 영어 단어를 익히는 데 도움이 되도록 했다.
- 이 책을 처음부터 차례로 읽는다면 과학이 발전해온 과정을 짐작할 수 있으며, 생활에 필요한 많은 과학 상식을 갖게 될 것이다.
- 각 항목은 주된 내용과 함께 연관된 분야까지 소개하여, 흥미를 끄는 동시에 폭넓은 지식을 갖도록 했다.
- 책의 수준은 중고교 청소년과 일반인을 대상으로 하기 때문에 깊은 내용은 담지 않았다.

과학자, 의학자, 엔지니어의 꿈을 가진 학생, 과학 과목이 어렵다고 생각하는 독자, 과학 상식을 이해하려는 일반인 독자들에게 이 책이 도움되기를 바란다.

지은이

# 목차

# 1

## 피타고라스의 정리

### - 기원전 6세기 / 그리스

수학에서 도형(圖形)에 대해 공부하기 시작하면, 제일 처음 배우는 것이 '피타고라스의 정리'(Pythagorean Theorem)이다.

"직각삼각형에서 직각을 낀 두 변의 길이를 각각 제곱한 것을 합한 값은 빗변의 길이를 제곱한 값과 같다."

피타고라스의 정리는 일반적으로 다음 식으로 나타낸다.

$$a^2 + b^2 = c^2$$

피타고라스(Pythagoras)는 기원전 약 580~500년에 살았던 그리스의 철학자이다. 그는 역사상 '수학의 정리'에 최초로 이름을 올린 학자이다. 전설에 의하면, 피타고라스는 어느 날 색깔이 교대로 있는 정사각형 바둑무늬가

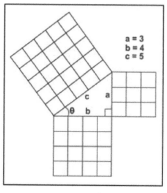

직삼각형 그림은 피타고라스의 정리를 증명해준다. '피타고라스의 정리'를 미국 영어로는 Pythagorean theorem이라 하고, 영국 영어로는 Pythagoras theorem으로 표기한다.

이탈리아의 화가 라파엘이 그린 피타고라스. 이 그림에서 중앙의 피타고라스는 책을 들고 아테네의 학교에서 음악을 가르치고 있다.

깔린 이집트의 신전을 거닐고 있었다. 그때 신전의 높은 기둥이 만드는 그림자가 바둑무늬 위에 비스듬히 드리워져 있었다. 그는 이 그림자의 각도와 길이에 따라 달라지는 바둑무늬를 관찰하다가 피타고라스의 원리를 발견하게 되었다고 한다.

피타고라스는 지구의 모양이 둥글다는 것을 맨 처음 발견한 사람으로도 알려져 있다. 이 사실은 에라토스테네스(Eratosthenes: BC. 276~195)가 확인하고 있다. 에라토스테네스는 그리스의 수학자이며 천문학자로서, 그는 지구의 둘레가 약 45,000㎞라고 계산했으며, 태양까지의 거리를 계산하기도 했다. 또한 그는 처음으로 당시의 세계지도를 그렸으며, 위도와 경도를 사용하는 방법을 창안하기도 했다.

피타고라스가 삼각형의 원리를 최초로 발견한 사람인가에 대해서는 논란이 있었다. 일반적으로 기원전 약 1,000년경부터 바빌로니아인들은 이미 이 원리를 알고 있었다고 생각하기 때문이다.

# 2

# 제논의 역설

## - 기원전 5세기 / 그리스

그리스의 철학자인 제논(Zeno 약 BC. 490~430, Zenon으로도 표기)의 이름을 딴 '제논의 역설'(逆說 Zeno's Paradoxes)은 물리학이나 수학을 공부할 때 자주 등장하는 억지 논리이다. 그의 여러 가지 역설 중에 '아킬레스와 거북', '2분(二分) 역설', 그리고 '화살의 역설' 3가지가 유명하다.

### 아킬레스와 거북의 역설(Paradox of Achilles and the tortoise)

아킬레스는 그리스 신화에 나오는 가장 빨리 달리는 영웅의 이름이다. 거북을 100m 앞에 두고 아킬레스와 거북이 경주를 한다면, 아킬레스는 거북보다 10배 빠르지만 아무리 해도 거북을 따라잡을 수 없다는 것이다.

아킬레스가 100m를 가면 거북은 110m를 가고,

아킬레스가 110m를 가면 거북은 111m를 가고,

아킬레스가 111m를 가면 거북은 111.1m를 가고,

아킬레스가 111.1m를 가면, 거북은 111.11m를 간다.

그러므로 이런 식으로 가면 아킬레스가 아무리 달려도, 거북 가까이는 갈 수 있지만 결코 거북을 추월할 수 없다는 것이다.

### 이분역설(二分逆說 Dichotomy argument)

이분역설은 A지점에서 B지점까지 아무리 거리가 짧아도 절대 갈 수 없다는 역설이다.

A지점에서 B지점으로 가자면 그 중간 지점인 C를 통과해야 한다.
A에서 C로 가려면 그 중간인 D지점을 통과해야 한다.
A에서 D로 가자면 그 중간인 E를 통과해야 한다.

그러므로 이런 식으로 무한히 가려면 A에서 B까지 절대 갈 수 없다는 것이다.

### 화살의 역설(Flying arrow paradox)

날아가는 화살이 과녁까지 절대 도달할 수 없다는 역설이다. 시간은 무한히 짧은 순간이 모인 것이다. 날아가는 화살이지만 무한히 짧은 순간에는 정지사진처럼 정지하고 있다. 그러므로 무한히 짧은 시간을 계속 날아가는 화살은 정지해 있으므로 과녁까지 갈 수 없다는 것이다.

제논의 역설은 시간과 공간을 무한히 나눌 수 있다고 생각하고, 물체가 이동하는 데 걸린 시간을 고려하지 않은 모순을 가지고 있다. 물체의 이동 속도는 이동한 거리를 이동에 걸린 시간으로 나눈 값이다.

# 3

## 데모크리토스의 원자설
### - 기원전 5세기 / 그리스

데모크리토스(Democritus, BC. 460~370)는 '모든 물질은 원자(atomos 또는 atom)라고 부르는 눈에 보이지 않는 아주 작은 입자가 무수히 모인 것'이라고 생각했다. 'atomos'는 더 이상 쪼갤 수 없다는 그리스 말이다. 데모크리토스의 고대 원자설은 그가 처음 제창한 것이 아니고, 그의 스승이며 철학자인 루시푸스(Leucippus, BC. 341~270)가 먼저 제안한 것이라는 설도 있다.

데모크리토스는 그리스 초기의 가장 위대한 자연철학자였다. 그는 이렇게 말했다. "원자는 더 쪼갤 수 없는 작은 입자이며, 원자는 항상 운동하고 있고, 그 운동 때문에 다른 원자와 충돌한다. 또한 원자는 모양이 각기 다르기 때문에 성질도 제각각이다."라고 설명했다. 그의 원자설이 옳지는 않지만, 2,500여 년 전에 이러한 원자 이론을 말한 것은 매

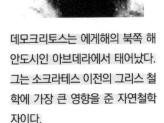

데모크리토스는 에게해의 북쪽 해안도시인 아브데라에서 태어났다. 그는 소크라테스 이전의 그리스 철학에 가장 큰 영향을 준 자연철학자이다.

우 놀라운 일이다.

데모크리토스의 생애에 대해서는 거의 알려져 있지 않다. 다만 2세기의 그리스 전기(傳記) 작가 디오게네스 라에르티우스(Diogenes Laertius)가 쓴 책에 그의 기록이 있다. 이 책에는 데모크리토스가 쓴 73권의 책 리스트도 기록되어 있다. 데모크리토스는 이런 말도 했다고 알려져 있다.

"나는 페르시아 왕이 되느니 차라리 1개의 과학 사실을 찾아내겠다."

한편 그리스의 위대한 철학자인 아리스토텔레스(Aristoteles, BC. 384~322)는 데모크리토스의 원자 이론을 받아들이지 않았다. 그는 "모든 물질은 불(fire), 흙(earth), 공기(air), 물(water) 4원소로 이루어져 있고, 우주 공간은 에테르(ether)가 차지하고 있다."고 주장했다. 아리스토텔레스의 이 잘못된 '4원소설'은 1808년에 발표된 돌턴(Dalton)의 원자설이 사실임을 인정하게 된 20세기까지 믿고 있었다.

# 4

## 히포크라테스의 선서
### - 기원전 4, 5세기 / 그리스

그리스의 히포크라테스(Hippocrates BC. 460~377)는 오늘날 '의학의 아버지' 또는 '의학의 성인'(의성, 醫聖)으로 불리기도 한다. 그가 살던 당시는 병의 원인을 악령 때문이라고 믿고, 주술(呪術)과 같은 방법으로 치료하고 있었다. 그러나 그는 병의 증세를 면밀히 관찰하고 기록하였으며, 병의 원인을 신체와 환경의 불균형 때문이라고 생각하여, 적절한 음식과 생활 방법으로 치료하도록 했다.

오늘날 히포크라테스의 선서(Hippocrates Oath)는 의과대학을 졸업하면서 의사의 실천 윤리로서 전통적으로 선언하고 있다. 이 선서는 히포크라테스가 그의 의학교에서 기록했다고 주장하는 학자도 있지만, 대부분은 히포크라테스와 그의 제자들이 쓴 것으로 믿고 있다. 히포크라테스의 선서는 1세기에 에로티아누스가 작

의학의 성인 히포크라테스는 물, 공기, 불, 땅, 체액(體液) 5가지를 의약의 기본으로 생각하여, 이들 사이에 불균형이 있을 때 병이 생긴다고 생각했다.

성한 〈히포크라테스 전집〉의 목록에 기록되어 있다.

나치 정권하의 독일 의사들이 행한 행동을 반성하여, 1948년에 세계 의사협회가 제정한 오늘의 수정된 선서는 '의사의 국제 윤리헌장'이기도 하다. 그러나 이 선서는 의사에게 의무를 지우고 있지 않으며, 모든 의사가 다 선서하고 있지도 않다.

선서 내용은 아래와 같다.

1. 나의 생애를 인류 봉사에 바칠 것을 엄숙히 서약한다.
2. 나의 은사에 대해 존경과 감사를 드리겠다.
3. 나는 양심과 품위를 가지고 의술을 베풀겠다.
4. 나는 환자의 건강과 생명을 첫째로 생각하겠다.
5. 나는 환자가 나에게 알려준 모든 것에 대해 비밀을 지키겠다.
6. 나는 의업(醫業)의 고귀한 전통과 명예를 유지하겠다.
7. 나는 동업자를 형제처럼 생각하겠다.
8. 나는 인종, 종교, 국적, 정당 또는 사회적 지위 여하를 초월하여 오직 환자에 대한 나의 의무를 지키겠다.
9. 나는 인간의 생명을 수태된 때로부터 더없이 존중하겠다.
10. 나는 비록 위협을 당할지라도 나의 지식을 인도(人道)에 어긋나게 쓰지 않겠다.

# 5

## 신의 권위를 가진 아리스토텔레스의 학설

### - 기원전 4세기 / 그리스

고대 그리스의 자연철학자 아리스토텔레스(Aristoteles, BC. 384~322)는 모든 학문의 아버지로 불린다. 그는 물리학, 생물학, 천문학 등의 자연과학뿐만 아니라 철학, 논리, 정치, 문학, 윤리 등 당시의 지식을 총 정리한 백과사전과 같은 방대한 저작을 남겼다. 그 책에는 자신의 독창적인 사상도 대량 담았다.

아리스토텔레스의 저서는 12, 13세기에 유럽의 여러 그리스도교 국가에서 번역되었으며, 유럽에 과학의 혁명이 일어난 16, 17세기까지, 그의 학설과 권위는 누구도 부정할 수 없는 마치 신과 동등한 힘을 갖고 있었다.

그는 '자연발생설'을 주장했으며, '4원소설'을 인정하면서 우주 공간에는 제5원소인 '에테르'(ether)가 있다고 했다. 또한 그는 '지구가 우주의 중심'이라고 설명했

아리스토텔레스는 모든 학문의 아버지로 불린다. 그의 모든 이론과 학설은 16, 17세기에 과학의 혁명이 일어나고, '과학 실증론'(18항 참조) 등이 주장되면서 그 권위를 잃게 되었다

으며, 물체의 운동에 대해서도 여러 가지 이론을 내놓았다. 그러나 그의 이론들은 모두 실험을 통해서가 아니라 사색으로 얻은 것이었다.

# 6

# 유클리드의 공리
## - 기원전 4세기 / 이집트의 알렉산드리아

기하학(幾何學)이라 하면 그 의미를 알기 어렵지만, 그 영어인 geometry(땅을 측량함)를 알면 금방 이해가 간다. 중학교에 입학하면 수학의 한 분야인 기하학을 배우기 시작하는데, 그 내용은 거의 전부 유클리드가 연구한 내용이다. 고대 이집트나 그리스 등지에서는 토지를 측량하는 일이 매우 중요했다. 특히 그리스인은 수학을 통해 자연을 이해하려 한 사람들이다.

유클리드(Euclid, BC. 325~265)는 아테네에서 태어났으며, 알렉산

유클리드의 기하학은 평면이나 찌그러짐이 없는 공간에서 증명된다. 그러나 17세기에 말에 절대 불변으로 알아 온 제5의 '평행선 공리'가 부정될 수 있음을 알게 되면서 '비유클리드 기하학'이 발달하기 시작했다. 비유클리드 기하학은 말안장 따위의 휘어진 곡면이나 공간처럼, 유클리드 기하학으로 증명되지 않는 분야의 모든 기하학을 말한다.

드리아에서 수학 학교를 세워 직접 교수가 되었다. 그러나 그의 생애는 잘 잘려지지 않았다. 기원전 300년경에 그는 연구 결과를 모아 『원론』(原

論, Element's, Stoikheia)이라는 책을 편찬했다. 이후 그의 저서 『원론』은 역사상 가장 많이 읽힌 책의 하나가 되었으며, 2,000년 이상 기하학의 교과서가 되어 왔다.

1. 점과 점 사이를 연결하는 직선은 하나뿐이다.
2. 직선은 양쪽으로 얼마든지 연장할 수 있다.
3. 임의(任意)의 점에서 어떤 길이이든 반지름으로 하여 원을 그릴 수 있다.
4. 모든 직각의 각은 모두 같은 직각이다.
5. 두 직선이 다른 한 선과 만났을 때, 같은 쪽에 있는 내각의 합이 180 도보다 작으면, 이 두 직선을 연장할 때 직각보다 작은 내각을 이루는 쪽에서 반드시 만난다(21쪽 그림 참조).

위의 5가지 내용을 유클리드의 공준(公準) 또는 공리(公理, Uclid's Postulate 또는 Axiom)라고 하는데, 이들은(5번을 제외하고) 증명이 필요치 않은 너무나 당연한 사실이다. 수학 시간에 자주 나오는 정의(定義), 공준(公準), 공리(公理)와 같은 용어를 처음 만나면 대부분 어렵게 느낀다. 공준이라든가 공리는 '명백한 원리'를 의미한다.

유클리드는 점, 선, 원, 직각에 대한 23가지 정의를 비롯하여, 위의 5가지 공리와 5가지 일반 개념을 세우고, 이를 기초로 465가지 정리를 증명했다.

유클리드와 동시대의 톨레미 왕 (Ptolemy I) 사이에 있었던 유명한 일화(逸話)가 전래되고 있다. 유클리드에게 기하학을 배우던 톨레미 왕은 "모든 공리들을 익히지 않고 기하학을 쉽게 배우는 방법이 있습니까?" 하고 묻자, 유클리드는 "기하학에는 왕도(王道 royal road)가 없습니다."고 대답했다는 것이다.

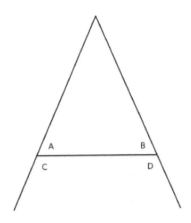

두 선이 3번째 선과 만났을 때, 두 선과 만드는 내각이 직각보다 작거나 크면, 직각보다 작은 쪽(A, B)으로 반드시 만난다.

# 7

## 아르키메데스의 원리

### - 기원전 3세기 / 그리스의 시러큐스

아르키메데스(Archimedes BC. 287~212)는 그리스 시러큐스(Syracuse)의 수학자이며, 동시에 물리학자, 엔지니어, 발명가이고, 천문학자이기도 했다. 그의 생애는 별로 알려져 있지 않으나 그의 많은 업적은 참으로 놀랍다. 그는 지렛대의 원리를 설명했으며, 물체의 움직임에 대해 연구하고, 압축 펌프를 만들었다. 성벽을 공격하는 무기를 제작하고, 해변에서 적국의 배를 공격하는 방법과 거울로 적선에 불을 지르는 방법을 설계하기도 했다.

그를 더욱 유명하게 한 업적은 원의 둘레와 면적을 계산할 때 사용하는 파이(π)의 근사치(近似値)를 찾은 것이다(8항 참조). 이보다 더 놀라운 업적은 같은 직경의 원통 안에 든 구(球)의 부피는 원통 부피의 3분의 2라고 계산한 것이다(그림 참조).

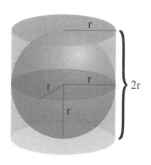

아르키메데스는 시러큐스가 로마군에 2년 동안이나 포위되어 있을 때, 로마 병사에게 어이없게 피살되었다. 플루타르크

의 기록에 의하면, 아르키메데스가 수학 문제를 풀고 있을 때 로마 병사가 찾아와 자기를 따라 로마의 장군 클라우디우스 마르셀루스를 만나러 가자고 했다. 그러나 아르키메데스는 지금 하고 있는 문제를 풀어야 한다며, "내가 그린 원을 밟지 말게!"라고 말하며 동행하기를 거부했다. 이에 화가 난 병사는 그만 칼을 뽑아 그를 살해했다. 이 이야기의 사실 여부는 알 수 없지만, 당시 로마 장군은 아르키메데스의 명성을 알고, 그를 다치지 않게 하라고 명령했으나, 일이 이렇게 되자. 그를 명예롭게 매장하도록 지시했다고 전한다.

아르키메데스라고 하면 먼저 떠오르는 이야기가 있다. 시러큐스의 지배자인 히에로 2세 왕은 금 세공사가 만들어온 왕관이 순수하게 금으로 제작되었는지, 또는 비양심적으로 은을 섞어 만들었는지, 왕관을 다치지 않게 감식하도록 아르키메데스에게 명했다. 이 문제를 풀기 위해 고민하던 아르키메데스는 목욕을 하던 중에 그 답을 발견하자, "유레카!"(나는 그것을 발견했다!) 하고 외치며, 옷 입는 것도 잊은 채 거리를 달려갔다는 유명한 이야기가 전해지고 있다.

그는 목욕통에 몸을 담그면, 수위가 높아지는데, 이때 높아진 수위의 물 무게만큼 체중이 가벼워진다는 사실을 발견한 것이다.

"액체(및 기체) 속에 담근 물체의 무게는 밀려난 액체(또는 기체)의 부피와 같은 무게만큼 가벼워진다."

이것이 바로 유명한 아르키메데스의 '부력의 원리'이다. 즉 물(액체) 속에 넣은 물체는 그 물체가 밀어낸 물의 무게만큼 부력을 얻는다는 것이다.

이 원리에 따라 그는 왕관과 똑같은 무게의 순금을 준비하고, 막대저울의 양쪽에 왕관과 순금덩이를 수평이 되게 매달았다. 그리고 이 저울을 물속에 넣었다. 만일 왕관이 순금이라면 저울은 물속에서도 균형을 이룰 것이다. 그러나 순금 쪽은 내려가고 왕관은 위로 올라가 수평이 기울어졌다. 왕관에는 순금보다 비중이 가벼운 은이 포함되어 있으므로, 부피가 순금보다 늘어나, 왕관이 그만큼 더 부력을 얻었던 것이다.

아르키메데스는 지렛대의 원리를 설명하고는 왕에게 "만일 내가 지구 밖에 설 수만 있다면, 지구를 들어 올리겠습니다."라고 했다. 그는 또한 복잡한 구조로 설계한 도르래를 이용하여 짐을 가득 실은 배를 해안으로 힘들이지 않고 편안히 앉은 자세로 끌어올렸다고 한다.

# 8

## 아르키메데스 상수 파이의 값
### - 기원전 3세기 / 그리스의 시러큐스

수학만 아니라 물리학, 천문학, 공학 및 다른 모든 과학에서 가장 자주, 중요하게 사용되는 수학적 상수(常數, mathematical constant)가 $\pi$이다.

원의 둘레를 계산할 때는 지름(直徑)에 파이($\pi$. pi)라고 부르는 일정한 수를 곱한다.

원둘레 = 지름 × $\pi$

다시 말해 원의 둘레는 지름의 $\pi$배이다. 또한 원의 넓이를 계산할 때도 반지름을 제곱한 값에 $\pi$를 곱한다.

원의 넓이 = 반지름$^2$ × $\pi$

$\pi$의 값은 무리수(無理數, irrational number)여서 소수점 아래로 끝이 없다. $\pi$값은 또한 초월수(超越數, transcendental number)이기도 하다. $\pi$값은 일반적으로 3.14 또는 3.14159를 사용하지만, 천문학 계산 등에서 아주 정확하게 계산해야 할 필요가 있을 때는 3.14159265358979 ……, 소수점 아래로 얼마든지 긴 값을 사용할 수 있다.

$\pi$를 '아르키메데스 상수'라고도 하는데('아르키메데스 수'와는 다르다), 그 이유는 아르키메데스가 역사상 최초로 정밀한 값을 구했기 때문이다. 그

가 계산한 파이 값은 31/7과 310/71 사이, 또는 3.141과 3.142 사이에 있었다. 그런데 놀랍게도 파이에 대한 최초의 기록은 기원전 1650년의 이집트 파피루스에서 발견되었다.

일본 도쿄대학의 야스마사 카나다 씨는 2002년, 1024기가바이트의 기억용량을 가진 슈퍼컴퓨터로 602시간 동안 계산하여, $\pi$값을 소수점 아래 124,100,000,000자리까지 계산했다.

# 9

## 지구 둘레를 계산한 에라토스테네스의 원리
### - 기원전 3세기 / 이집트의 알렉산드리아

그리스의 에라토스테네스(Eratosthenes, 약 BC. 276~195)는 수학자이면서 천문학자이고, 지리학자이며, 시인이면서 운동선수이기도 했다. 2,000년도 더 이전에 그는 매우 간단한 생각으로 지구의 둘레를 정확하게 계산했을 뿐만 아니라, 지구와 태양 사이의 거리까지 측정했다.

당시 그는, 고대 이집트의 시에네(지금의 아스완)에서는 하짓날 정오가 되면, 태양이 바로 머리 위에 오기 때문에, 우물 속 바닥까지 해가 비치고, 막대기를 세우면 그림자가 전혀 생기지 않는다는 이야기를 들었다. 그러나 같은 날 같은 시각에 그가 살던 그리스의 알렉산드리아에서는 막대기를 세우면 약 7.2도 각도로 그림자가 생겼다.

그리스 사람들은 이미 그때 지구가 공처럼 둥글다는 것을 알고 있었다. 7.2도 각도는 원둘레의 각도 360도의 50분의 1에 해당한다. 그러므로 에라토스테네스는 지구의 둘레가 시에네와 알렉산드리아 사이의 거리의 50배가 된다고 생각했다. 시에네와 알렉산드리아는 남북으로 거의 같은 자오선상에 있었으며, 두 지역 간의 거리는 약 5,000스타디오(1스타디오는 925km)였다. 그러므로 이 거리의 50배는 약 46,250km가 되었다.

당시 사람들은 에라토스테네스의 계산보다 지구가 훨씬 작을 것이라고 생각했다. 현대에 측정한 지구의 실제 둘레는 평균 약 40,041㎞이다. 에라토스테네스는 아르키메데스의 친구이기도 했다.

# 10

## 지구가 중심이라 믿은 프톨레마이오스(톨레미)

### - 서기 150년 / 이집트의 알렉산드리아

클라우디우스 프톨레마이오스(Claudius Ptolemaeos AD. 90~168)는 로마 시민으로서 이집트에 살았던 이름난 수학자이며 천문학자인 동시에 지리학자였다. 프톨레마이오스는 그리스 이름이고, 영어로는 톨레미(Ptolemy)로 불린다. 그는 지구가 우주의 중심이라고 생각했고, 그의 이런 주장은 코페르니쿠스(Copernicus, 13항 참고)의 지동설(地動說)과 케플러(Kepler, 17항 참조)가 등장하기까지 그 후 14세기 동안 사실로 받아들이게 되었다.

프톨레마이오스는 그리스 시대의 천문학을 집대성한 13권의 저서를 남겼는데, 이 책은 AD. 827년에 아랍어로 번역되면서 알마게스트(*Almagest*, 아랍어로 '가장 위대한'이라는 뜻)라고 불리게 되었다. 그는 지구가 둥글다고 주장한 에라토스테네스(9항 참조)의 이론을 지지했으며, 이 생각은 훗날 콜럼버스(Columbus)로 하여금 신대륙을 찾아 나서도록 했다.

그가 주장했던 우주 체계를 '프톨레마이오스 우주 체계'라 부르는데, 지구는 회전하지 않고 우주의 중심에 있으며, 달을 비롯하여 수성, 금성, 화성, 목성, 토성과 같은 행성들은 지구 주위를 돌고 있다고 했다. 그의 이런 주장은 유클리드(6항 참조)의 '원론'(*Elements*)과 함께 1,300여 년 동안 인류의 역사를 지배해왔다.

# 11

## 황금 비율 피보나치의 수

### - 1202년 / 이탈리아

0, 1, 1, 2, 3, 5, 8, 13, 21, 34, 55, 89, 144 ……

위에 배열된 각 수는 앞에 있는 수를 합한 수의 나열이다. 이 수를 계속 만들어 가면 1,618에 이르게 된다. 즉

0 + 1 = 1, 1 + 1 = 2, 1 + 2 = 3, 2 + 3 = 5, 3 + 5 = 8 ……

이러한 수의 배열은 고대 인도에서 일찍이 알려진 수인데, 오늘날에는 '피보나치의 수' 또는 '피보나치의 수열'(數列, Fibonacci sequence)이라 부른다. 때로 피보나치의 수는 '황금 비율'(golden ratio)이라 불리기도 한다.

이 수열에 피보나치라는 이름이 붙게 된 것은, 이탈리아의 젊은 수학자 레오나르도 피보나치(Leonardo Fibonacci, A.D. 1170~1250년경)가 구체적으로 연구하여, 그가 1202년에 쓴 수학책에 기록했기 때문이다. 그의 이름은 레오나르도 피사노(Leonardo Pisano)라 불리기도 한다.

피보나치의 수를 '황금의 수' 또는 '황금 비율', '황금 분할'이라 부르기도 하는데, 그 이유는, 어떤 물체를 두 부분으로 나눌 때, 그 비율을 1 : 1.618(또는 1 : 0.618)로 하면 미학적으로 가장 아름답고 안정되게 보이기 때문이다. 즉 컴퓨터의 화면, 포커카드, 신용카드, 책이나 노트, 도화지,

교회 십자가 등의 가로 세로 비율은 바로 '황금 비율'로 만들고 있다.

피보나치의 수와 황금의 수 사이에 놀라운 연관이 있다.

$1 \div 2 = 0.5$

$2 \div 3 = 0.666$

$3 \div 5 = 0.6$

$5 \div 8 = 0.625$

$8 \div 13 = 0.615$

$13 \div 21 = 0.619$

$21 \div 34 = 0.618$

$144 \div 233 = 0.618$

이런 식으로 모두 0.618에 가까운 답이 나온다.

위의 피보나치 수를 반대로 해서 나누면,

$5 \div 3 = 1.6666$

$8 \div 5 = 1.6$

$13 \div 8 = 1.625$

$21 \div 13 = 1.615384$

$34 \div 21 = 1.619047$

$233 \div 144 = 1.618055$

사진의 계단에 황금 비율이 숨어 있다. 이런 황금 비율은 조개나 소라의 껍데기, 꽃잎, 해바라기의 씨 등 자연 속에서 발견된다. 소라 껍데기 속의 나선에서 보는 황금 비율은 황금 나선(golden spiral)이라 부르기도 한다.

피보나치의 수로 이러한 기하학적 그림이 그려진다. 황금 비율은 그래픽 디자인에서 잘 응용되고 있으며, 이를 '신이 만든 수'라고 생각하는 사람도 있다.

역시 1.618에 가까운 값이다.

이러한 황금 비율은 그리스 아테네의 파르테논 신전 건축에 이미 적용되어 있다. 또한 피보나치의 수는 식물의 잎 배열이라든가, 해바라기의 나선형 씨에서도 발견된다. 인간의 경우, 신장과 배꼽까지의 하체 길이가 1 : 0.618이면 가장 이상적으로 보인다고 알려져 있다. 오늘날 많은 예술품과 건축물 등은 황금 비율을 적용하고 있다.

# 12

## 오캄의 면도날 원리

### - 14세기 / 잉글랜드

과학의 연구나 이론에서, "무언가를 설명할 때, 불필요하게 복잡한 가정이나 가설을 제시하거나 생각하지 않아야 한다."는 생각을 '오캄의 면도날 원리'라고 말한다. 즉 어떤 문제를 설명할 때 비합리적인 주장이나 가정은 하지 말아야 한다는 것이다.

예를 들면, 고대 이집트나 잉카 문명의 놀라운 건축기술이 신비하다고 하여, "우주인으로부터 기술을 배웠다."라고 가정하거나, "선박이 자주 침몰하는 버뮤다 바다에 블랙홀이 있다."는 생각 등은 문제를 더욱 복잡하게만 만들기 때문에 '오캄의 면도날'로 잘라내 버려야 한다는 것이다. 만일 어떤 사람이 몸이 아프거나, 시험에 낙방하거나, 사업에 실패하거나 했을 때, 귀신이 붙었다거나, 조상의 무덤이 잘못됐기 때문이라고 생각한다면, 이는 전혀 확인되지 않는 가정에 불과한 것이다. 그러므로 이런 불필요한 생각은 오캄의 면도날로 잘라버리고, 꼭 필요한 가정만 해야 할 것이다.

중세 영국의 수도사였던 윌리엄 오브 오캄(William of Occham, 1285~1349)은 유명한 철학자이면서 이론가였다. 그는 이 원리를 처음 제창하지는 않았지만, 그 중요성을 매우 강조한 사람이다.

진리는 단순하다. 진리에 대한 설명은 단순할수록 더 좋다. 필요 없는 가정을 하는 것은 진실을 가장 그르치는 것이다. 컴퓨터 프로그램도 단순할수록 좋은 프로그램이다. 그래서 오캄의 면도날을 '단순성의 원리'(Principle of Simplicity)라 말하기도 한다. 만일 누군가 어떤 문제를 매우 복잡하고 어렵게 설명한다면, 아마도 그는 사실을 정확히 알지 못하고 있을 것이다. 아인슈타인은 이런 말을 남겼다.

"Everything should be made as simple as possible, but not simpler."(모든 것은 가능한 한 단순하게 만들어야 하지만, 바보는 아니어야 한다.)

# 13

## 근대 과학의 선구자 코페르니쿠스의 지동설

### - 1543년 / 폴란드

폴란드의 천문학자 니콜라우스 코페르니쿠스(Nicolaus Copernicus, 1473~1543)는 당시까지 모든 사람이 우주의 중심은 지구라고 믿고 있던 때에, "태양은 태양계의 중심에 움직이지 않고 고정되어 있으며, 수성, 금성, 지구, 화성, 목성, 토성이 차례로 그 둘레를 돌고 있다."는 새로운 지동설(地動說)을 발표했다.

지구도 하나의 행성이라는 지동설이 실린 저서 『천체의 회전에 관하여』(*On the Revolutions of the Celestial Spheres*)는, 그의 죽음이 임박한 1543년에 출판되었다. 그의 책이 발간되자, 그의 이론을 지지하게 된 유럽의 많은 학자들은 매우 흥분했다. 코페르니쿠스는 저서에서, 지구의 둘레를 도는 달의 운동에 대해서도 설명하고, 지구는 자신의 축을 중심으로 회전하여 밤과 낮이 바뀐다고 설명했다.

그는 훨씬 이전에 태양계의 운동에 대해 알았지만, 오래도록 세상에 발표하지 못했다. 그 이유는 당시 가톨릭교회의 지도자들이 그런 주장을 이단으로 취급했기 때문이다. 종교적인 위협 때문에 위대한 천문학자는 자신의 저서가 인쇄된 것을 보지 못하고 세상을 떠난 것이다. 그의 저서는 1616년에 금서 목록에 들었다가 1835년에야 풀렸다.

코페르니쿠스의 지동설(태양 중심설)을 강력하게 지지하던 이탈리아의 철학자 조르다노 브루노(Giordano Bruno, 1548~1600)는 이단으로 취급받아 1594년에 체포된 뒤, 1600년에 화형을 당하기도 했다(태양계의 운동에 대한 갈릴레오의 개념은 22항 참고).

코페르니쿠스는 중세의 과학이 현대 과학으로 전환되게 하는 혁명적인 영향을 주었다. 그의 저서는 과학의 역사 속에서 뉴턴(32항 참조)의 저서 『프린키피아』와, 다윈(85항 참조)의 저서 『종의 기원』과 동등하게 취급된다.

# 14

## 관측 천문학자 티코 브라헤의 천체 변화설
### - 1577년 / 덴마크

덴마크의 천문학자 티코 브라헤(Tycho Brahe, 1546~1601)는 귀족의 자녀로 태어났다. 젊은 시절 그는 태양의 일식 현상을 관측하면서, 정치가의 꿈을 버리고 천문학을 본격적으로 연구하기 시작했다. 덴마크의 프레데릭 2세 왕이 세운 궁정천문대의 관리자가 된 그는, 망원경이 아직 발명되지 않았던 시대에 많은 천체관측 장비를 직접 제작하여, 맨눈으로 별들의 위치를 당시로서 매우 정확하게 777개나 기록한 최초의 관측 천문학자가 되었다.

티코 브라헤의 초상. 이탈리아의 천문학자 리초올리(Giovanni Battista Riccioli, 1598~1671)는 브라헤의 연구 업적을 존중하여, 달의 화구(火口) 가운데 가장 크게 잘 보이는 것에 '티코'라는 이름을 붙였다.

그는 행성들의 운동에 대해서도 관측했으나, 궤도는 연구하지 못했다. 1572년 11월 11일, 그는 카시오페이아자리에 나타난 매우 밝은 초신성(폭발하는 별, 'SN 1572')을 발견하여 더욱 유명해졌다. 1577년에는 혜성을 발견했으며, 이후 그는 아리스토텔레스 이래 믿어 왔던 '우주는 변하지 않는다'라는 '천체 불변설'을 반박하고 천체도 변한다는 주장을 했다.

그는 코페르니쿠스의 태양 중심설을 주장하다가 화형까지 당한 이탈리아의 철학자 조르다노 브루노(13항 참조)와 동시대의 사람이다. 그러면서도 그는 지구가 우주의 중심이라는 생각만은 끝내 버리지 않았다.

그는 독일의 천문학자 케플러(Kepler, 17항 참조)를 발굴하여 자신의 조수로 삼았으며, 그가 일생 연구한 기록을 모두 케플러에게 넘겼다. 후에 케플러는 브라헤의 관찰 기록을 바탕으로 연구를 계속하여 역사에 이름난 천문학자가 되었다.

# 15

## 자석의 비밀을 밝힌 '길버트 이론'

### – 1600년 / 잉글랜드

"나침반의 바늘이 지구의 북쪽과 남쪽을 가리키는 원인은, 지구가 마치 거대한 막대자석처럼 작용하기 때문이다. 위도(緯度)가 높은 곳으로 이동하면, 나침반의 바늘은 점점 고개를 숙이게 되어, 북극에서는 바늘이 곧추서게 될 것이다."라는 주장을 처음 한 사람은 영국의 물리학자인 윌리엄 길버트(William Gilbert, 1544~1603)이다.

길버트가 자석에 대한 이론을 밝히기 전까지는, 쇠를 끌어당기고 매달아두면 남북극을 가리키게 되는 자석이 과학자들에게 매우 신비스러운 물건이었다. 어떤 사람은 "자석은 천국의 방향을 가리킨다."고 생각하는가 하면, 자석이 항상 북쪽을 향하는 원인은 "북극성이 자석의 별이거나, 북극 쪽에 커다란 자석의 섬(島)이 있기 때문이다."라고 주

길버트는 자석과 정전기에 대한 많은 사실을 발견했지만, 만물이 모두 전기를 갖고 있다는 사실은 미처 알지 못했다. 그는 코페르니쿠스의 이론을 일찍부터 지지했다.

장할 정도였다.

길버트는 의학을 공부했으며, 엘리자베스 1세 여왕의 시의(侍醫)로도 활동한 사람이다. 그는 시의로 임명되기 1년 전인 1600년에 〈De Magnete〉(자석에 관하여)라는 책을 저술했다. 그의 책에는 자석에 대한 매우 중요한 이론들과 자석과 정전기에 대한 실험 결과들이 기록되어 있었다. 그는 지구가 거대한 자석이라는 것, 그러므로 쇠막대를 북쪽으로 향해 두면 자석으로 변할 수 있다고 했다. 또한 그는 자석을 토막 내면 각 토막이 모두 자석이 된다는 사실도 발견했다.

길버트는 어떤 물질을 호박(amber)에 대고 문지르면, 호박과 그 물질은 무엇을 끌어당기는 신비한 힘을 갖게 된다는 것을 발견하고, 그 힘을 '전기'(electrics)라고 맨 처음 불렀다. electric은 호박의 그리스어인 elektron에서 따온 말이다. 그는 어떤 물체에 전기가 있는지 없는지 확인하는 간단한 검전기(檢電器, electroscope)와 다른 여러 가지 실험장치도 발명했다.

길버트는 매우 조심스럽게 실험을 하고, 자세하게 기록했다. 그의 이러한 과학 기록 방법은 위대한 과학의 업적으로 인정되었으며, 그의 책이 나온 1년 후, 그는 여왕의 시의(侍醫)로 임명되었다. 후세 사람들은 전기와 정전기에 대한 그의 연구 업적 때문에 그를 '전자기학의 아버지'라 부른다.

# 16

## 요한 케플러의 '베들레헴의 별' 이론

### – 1603년 / 독일

세계의 많은 사람들은 매년 12월 25일을 예수님이 탄생한 날(크리스마스)이라 하여, 온갖 축제를 벌이고 있다. 예수께서 태어나던 때의 상황은 성서에 잘 기록되어 있다. 하늘에 나타난 밝은 별을 보고, 동방의 현자(동방박사) 3분은 위대한 왕이 탄생한 징표라고 믿어, 그들은 별을 따라 베들레헴까지 찾아가 아기 예수에게 경배하며 예물을 드리고 돌아갔다.

후세 사람들은 크리스마스에 나타난 밝은 별을 '베들레헴의 별'이라 부르며, 지금까지도 이 별에 대해 신비해 한다. 티코 브라헤의 조수(14항 참조)로서, 위대한 천문학자가 된 요하네스 케플러(Johannes Kepler, 1571~1630)는 행성의 운동에 대한 3가지 법칙(17항 참조)을 발표했다. 그는 그가 연구한 행성의 운동 법칙을 이용하여, 예수가 탄생한 시기에 있었던 천체 현상을 천문학상 처음으로 계산했다. 그 결과 그는 기원전 7년에 밝은 행성인 목성과 토성이 서로 가까이 만나는 기회[합(合)이라 부름]가 3차례(5월 27일, 8월 5일, 12월 1일) 있었다고 발표했다.

케플러의 계산 결과에 대해 당시 비판자들은 "그에게 큰 과오가 있다. 성서에는 '하나의 별'이라고 기록되어 있지, '2개의 행성'이라고 하지 않았다."고 주장했다. 이후 베들레헴의 별에 대해 여러 가지 이론이 등장했다.

1) 금성이었다.

2) 초신성이거나 폭발하는 별이었다.

3) 혜성이었다.

4) 신성(神聖)한 빛을 내는 새로운 별이었다.

5) 베들레헴의 별을 믿는 것은 광신(狂信)이다.

베들레헴의 별에 대한 논쟁은 지금도 일어나고 있다.

# 17

## 케플러의 '행성의 운동 법칙'

### - 1609~1919년 / 독일

독일의 수학자이며 위대한 천문학자인 요하네스 케플러(Johannes Kepler, 1571~1630)는 행성의 운동에 대한 3가지 법칙을 발견했다. 이를 보통 '케플러의 운동 법칙'이라 줄여서 부르고 있다.

케플러가 행성의 운동 법칙을 발표하기 전까지, 사람들은 모든 행성들이 태양 주변을 원 궤도로 돌고 있다고 믿었다. 그러나 케플러는 행성들이 약간 타원인 궤도를 돌고 있다는 사실을 발견하고, 행성의 제1, 제2 운동 법칙은 1609년에, 그리고 제3 운동 법칙은 1619년에 발표했다.

* 제1법칙: 행성들은 태양에 초점을 두고 타원궤도를 운동한다(타원운동의 법칙).
* 제2법칙: 태양과 행성을 연결하는 직선은, 같은 기간에 같은 면적을 그린다(면적 속도 일치의 법칙)

이 제2법칙은 '행성은 타원의 반경이 길어지는 궤도(장반경 궤도)에서는 천천히 운동하고, 반대로 단반경(短半徑) 궤도에서는 빨리 운동한다는

것을 나타낸다. 이 법칙은 '행성들이
태양의 영향을 받으면서 운동하고 있
다는 것을 증명했다.

* 제3법칙: 행성의 공전주기의 제곱
  과 행성과 태양 사이의 평균 거리의
  세제곱은 비례한다(조화의 법칙).

오늘날 정밀한 궤도 관측 결과, 이
3가지 법칙이 완전히 정확하지는 못하
다는 것을 알고 있다. 그러나 이 법칙
이 발표되면서 현대과학의 발전에 큰
변화가 일어나게 되었다. 케플러는 코
페르니쿠스의 주장을 지지했을 뿐만
아니라, 태양도 우주에서 한자리에 머

케플러는 천문학자이면서 인체의
눈에 대한 해부학적 연구를 했으며,
바다의 조석현상에 대해서도 설명
했다. 또한 그는 우주를 여행하는
꿈을 그린 최초의 공상과학소설 작
가로도 알려져 있다. 아이작 뉴턴은
그가 발견한 법칙과 케플러의 법칙
을 기반으로 하여 만유인력의 법칙
을 유도해냈다.

물러 있지 않다고 주장했다. 그래서 일부 사람들은 그를 미친 천체 관측
자라고 냉대하기도 했다.

케플러는 브라헤가 관측한 많은 별들의 위치를 나타내는 도표를 만들
었고, 볼록렌즈 2개를 사용한 천체망원경을 발명하여 광학발전에 크게
공헌했다. 그는 궤도 계산을 할 때 수학의 미분법(微分法)과 대수학(代數學,
logarithm)을 응용했다.

# 18

## 실험을 중시한 베이컨의 과학 실증론
### - 1620년 / 영국

영국의 철학자이며 과학자였던 프랜시스 베이컨(Francis Bacon, 1561~1626)은 "과학의 법칙은 실험과 관찰에 기반을 두어야 한다."는 '과학 실증론'을 주장했다. 아리스토텔레스가 말한 지식 중에는 사색(思索)으로 이루어진 신비적인 것이 많다. 그러나 베이컨 이후, 사람들은 어떤 새로운 것이 알려질 때, 그것이 '실험과 관찰로 증명된 과학적 사실인가'를 중요시하게 되었다.

베이컨은 1620년에 저술한 『신기관』(新器官)에서, 과학은 세밀한 실험과 관찰로 증명되어야 한다는 주장을 펼쳤다.

베이컨은 1605년에 저술한 『학문의 진보』와 1620년에 쓴 『신기관』(*Novum Organum, organum*은 논리학을 의미)에서 이러한 과학 실증론을 강력하게 주장했다. 그의 철학은 고대 그리스 시대로부터 내려온 철학적 방법을(5항 참조) 배제하는 완전히 새로운 주장이었다. 실험과 관찰을 통한 사실로부터 가설을 이 끌어내고, 그 가설을 증명할 증거를 찾아내 이론으로 정립을 해야 한다는 것이다. 진실과 신뢰를 바탕으로 하는 그의 이러한 철학은 '과학적 방법'(scientific method)이라는 말이 되었다.

그는 과학적으로 특별한 연구나 발견을 하지는 않았다. 그러나 그는 친구에게 이런 편지를 썼다. "나는 제일 먼저 일어나 사람들을 깨워, 교회로 오도록 하는 종치는 사람이 되겠다. 아리스토텔레스가 행한 신비주의적이고 연역적(演繹的)인 사색에 의한 연구는 무익하며, 과학적 사실은 실제 사실만을 대상으로 연구하여, 확실하게 느껴지도록 귀납적(歸納的)으로 이루어져야 한다."

# 19

## 빛의 굴절에 나타나는 '스넬의 법칙'

### - 1621년 / 네덜란드

물이 담긴 유리컵에 세워둔 젓가락은 물을 만나는 경계면에서 휘어져 보인다. 이처럼 빛이 물이나 유리를 통과할 때 그 경계면에서 꺾이어 진행방향이 달라지는 현상을 굴절(refraction)이라 한다. 굴절 현상은 고대로부터 알고 있었지만, 굴절 현상에 일정한 법칙이 따른다는 것을 처음 발견한 사람은 네덜란드의 수학자 빌레브로르트 스넬리우스(Willebrord Snellius, 1580~1626)이다.

진공, 공기, 물, 유리, 다이아몬드 등 매질(媒質)마다 빛을 굴절시키는 정도가 다른데, 이를 굴절률(refractive index)이라 한다. 굴절률은 진공 중의 빛의 속도를 매질(물, 유리 등) 속의 빛의 속도로 나눈 값이다. 예를 들어 유리 속을 지나는 빛의 속도는 진공 중의 속도의 약 0.67배이므로, 굴절률은 약 1.5이다.

스넬리우스(스넬 - Snell이라고도 부름)는 두 매질의 경계에서 일어나는 굴절의 법칙을 '스넬리우스의 법칙', '스넬리의 법칙'(Snell's Law), 또는 '스넬의 굴절 법칙'이라 부른다. 한편 프랑스에서는 '데카르트의 법칙' 또는 '스넬 - 데카르트의 법칙'이라 한다.

스넬리의 법칙은 아래 그림에서

$$n_1 \times \sin\theta_1 = n_2 \times \sin\theta_2$$

로 나타낸다.

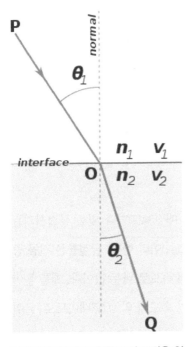

스넬리의 법칙을 표현하는 이 그림은 입사광선(incident ray)과 굴절광선(refractive ray), 굴절률(refractive indices), 매질의 경계면을 나타낸다. $V_1$과 $V_2$는 각 매질, $n_1$과 $n_2$는 각 매질의 굴절률을 나타낸다.

물속에 잠긴 스푼 부분이 경계면에서부터 굴절되어 보인다. 이러한 굴절 현상은 공기, 물, 유리 속으로 진행하는 빛의 속도가 다름으로 해서 발생한다. 다이아몬드 속을 지나는 빛은 가장 굴절(굴절률 2.42)이 심하게 일어난다. 태양빛은 굴절률이 높을수록 파장에 따라 다른 각도로 굴절하여 분산이 일어나므로, 찬란한 광채를 보이게 된다.

# 20

# 윌리엄 하비가 발견한 혈액 순환 과정

## -1628년 / 영국

인체의 혈액이 심장에서 나와 온몸을 돌아 다시 심장으로 간다는 사실을 모르는 사람이 지금은 없다. 영국의 의사 윌리엄 하비(William Harvy, 1578~1657)는 "심장은 혈액을 강한 힘으로 내보내는 근육으로 된 펌프와 같은 역할을 하며, 심장에서 나온 혈액은 동맥을 따라 온몸을 순환하여, 정맥을 지나 다시 심장으로 간다."는 사실을 처음으로 발표했다.

윌리엄 하비가 발표한 혈액 순환 이론은 그의 생애 마지막에 이르러서야 일반 의사들로부터 조금씩 인정받게 되었다.

하비가 이러한 사실을 알아내기 전의 사람들은, 혈액은 간에서 생산되어 심장으로 이동하는 것으로 알고 있었다. 그가 이 이론을 1628년에 「동물의 심장과 혈액의 운동에 관하여」라는 논문으로 발표하자, 동료 의사들조차 직접 실험으로 확인해보지 않고, '돌팔이 의사'라는 등의 표현으로 그를 비난했다. 세상의 의사들이 하비의 이론을 인정하게 되기까지는 그로부터 거의 100년이 걸렸다.

월리엄 하비는 찰스 1세 왕의 시의로 지냈으며, 프랜시스 베이컨이 그의 환자이기도 했다. 그는 실험을 중요시하여, 여러 종류의 동물을 구하여 심장을 해부해 보았다. 그 결과 심장의 피는 심방에서 심실로 흘러가고, 반대 방향으로는 흐르지 않는 않는다는 것을 알게 되었으며, 혈액이 온몸으로 순환하는 과정을 자세히 밝힐 수 있었다. 그러나 당시까지 현미경이 발견되지 않았기 때문에 모세혈관에 대해서는 알지 못했다.

# 21

## 갈릴레오의 '낙하하는 물체의 운동 법칙'

### - 1632년 / 이탈리아

1971년 아폴로 15호 우주선을 타고 달에 도착한 우주비행사 데이비드 스콧(David Scott)은 매우 간단하면서도 중요한 과학 실험을 역사상 처음으로 실시했다. 그는 깃털과 쇠망치를 공중에서 동시에 떨어뜨려, 둘 모두 동시에 땅에 떨어지는 것을 확인한 것이다.

아리스토텔레스(BC. 384~322)는 가벼운 물체와 무거운 물체를 동시에 떨어뜨리면 무거운 것이 먼저 땅에 떨어진다고 설명했다. 그때 이후 이탈리아의 철학자이며 물리학자인 갈릴레오 갈릴레이(Galileo Galilei, 1564~1642)가 1638년에 '낙하하는 물체의 운동에 대한 법칙'을 적은 책 - 『신과학 대화』를 내놓기 전까지는 아무도 이에 대해 의심하지 않았다.

갈릴레오는 케플러와 동시대의 사람으로서, 근대 과학의 혁명을 주도했다.

갈릴레오는 경사(傾斜)진 평면에서 가벼운 공과 무거운 공을 굴려 내리는 실험을 거듭하면서, 놀라운 운동 법칙을 완성했다. 그를 현대 물리학의 아버지라 부르게 한, 낙하하는 물체의 운동 법칙은 이렇게 설명할 수 있다.

"공기의 저항이 없다면, 낙하하는 모든 물체는 같은 운동을 한다. 그러므로 동시에 떨어뜨린 것은 함께 땅에 떨어진다. 낙하하는 물체는 항상 가속(加速)이 되므로(지구의 중력에 의해), 일정한 비율로 속도가 올라간다."

당시만 해도 뉴턴의 중력 법칙을 모르고 있었기 때문에, 낙하하는 물체의 속도가 차츰 빨리지는(가속되는) 원인을 설명하지 못했다. 그리고 지구상에서는 공기의 저항 없이 이 실험을 할 수 있는 곳이 없었으므로, 달에서 우주비행사에 의해 최초로 갈릴레오의 운동 법칙이 실증된 것이다. 갈릴레오의 운동 법칙은 다음과 같은 수식으로 나타낼 수 있다.

$$v = gt$$
$$s = 1/2gt^2$$

여기서, v는 낙하하는 속도, g는 중력에 의해 생기는 가속도(중력 가속도), s는 t시간 동안에 이동한 거리를 나타낸다. 갈릴레오의 운동 이론은 운동, 가속도, 중력 이 3가지를 동시에 설명하는 중요한 법칙이다.

그는 기독교 신자이면서 진리 추구를 위해 종교와 맞선 상징적인 과학자이다. 그는 손수 발명한 망원경으로 목성의 위성을 발견하여, 코페르니쿠스의 지동설을 반세기만에 실증하기도 했다.

# 22

## 태양계 구조에 대한 갈릴레오의 개념

### - 1632년 / 이탈리아

갈릴레오 갈릴레이(Galileo Galilei, 1564~1642)는 현대 과학을 탄생시킨 가장 위대한 과학자의 한 사람으로서도 유명하지만, 그는 가톨릭 교황의 교리(教理)에 맞서 코페르니쿠스의 지동설을 지지했기 때문에 일흔 살의 나이에 종교재판을 받은 과학자로도 유명하다. 그는 지동설을 옹호하

갈릴레오는 망원경으로 달의 분화구, 목성의 위성, 토성의 테, 혜성, 태양의 흑점 등을 처음으로 상세하게 관찰하여 '천문학의 아버지'라 불리기도 한다.

다가 이단자로 몰려 종교재판을 받고 화형(火刑)을 당한 브루노의 목격자이기도 했다. 그래서 그는 재판정에서 자기의 학설을 포기했다. 그러나 그는 재판정을 나오며 "그래도 지구는 돈다(And yet it moves)."라고 중얼거렸다고 한다.

갈릴레오는 1609년에 볼록렌즈를 이용하여 역사상 처음 만든 굴절망원경으로 직접 여러 천체들을 관찰하여, 코페르니쿠스의 태양 중심설을 더욱 설득력 있게 변호하면서, 한 걸음 더 나아간

학설을 발표했다. 1632년에 출간한 『천문 대화』(天文對話)에는 다음과 같은 내용을 담고 있었다.

"지구와 다른 여러 행성들은 각기 회전축을 중심으로 회전하고 있으며, 행성들은 태양의 주위를 각자의 궤도를 따라 돈다. 태양 표면의 흑점이 이동하는 것처럼 보이는 것은 태양 자체도 분명히 돌고 있기 때문이다."

갈릴레오는 종교재판 이후 세상을 떠날 때까지 집을 벗어나지 못하는 금고(禁錮) 생활을 했다. 그가 죽은 뒤 약 350년이 지난 1992년, 바티칸 교황청에서는 갈릴레오의 당시 평결(評決)을 파기(破棄)한다고 공식적으로 발표했다.

# 23

## 400년 만에 증명된 '페르마의 마지막 정리'
### - 1632년 / 프랑스, 1995년 / 미국

1993년 6월 23일, 영국의 케임브리지 대학교에서는 세계의 유명한 수학자와 언론사 기자들이 주시(注視)하는 가운데, 약 400년 동안 풀리지 않았던 수학 역사상 가장 유명한 '페르마의 마지막 정리'를 증명하는 학술 발표회가 열렸다. 페르마의 마지막 정리를 증명한 수학자는 미국 프린스턴 대학교의 앤드루 와일즈(Andrew Wilds) 교수였다. 이날 와일즈 교수의 발표 내용에서 약간의 오류가 발견되었지만, 1995년 이를 완전하게 수정하여 그 내용을 가장 권위 있는 수학 학술지 〈Annals of Mathematics〉에 130쪽에 달하는 논문으로 발표함으로써 '페르마의 마지막 정리'는 증명되고 말았다.

프랑스의 툴루즈에 살던 피에르 데 페르마(Pierre de Fermat, 1601~1665)는 지방 의원이면서 판사이기도 했다. 그는 여가에 수학공부를 하는 아마추어 수학자였지만, 그가 공헌한 수학적 업적은 위대했다. 그는 데카르트와 함께 해석기하학과 미적분학의 개척자이며, 파스칼과 함께 확률학의 창시자이기도 하다. 그는 평소 그리스의 디오판투스(Diophantus)가 기원전 250년경에 쓴 수학책의 번역본을 들고 다니며, 그

책에 수록된 여러 가지 미해결 문제들을 풀기를 즐겨했다. 그가 세상을 떠난 뒤, 그 책의 여백에 이런 글이 적혀 있었다.

페르마의 마지막 정리(또는 '페르마의 가설')를 증명한 프린스턴 대학교의 수학자 와일즈 교수는 영국에서 태어났다. 그는 10세 때 도서관에서 페르마의 마지막 정리에 대한 내용을 읽고 그때부터 이 문제를 해결할 꿈을 가졌다고 한다.

"$x^n + y^n = z^n$을 만족시키는 0이 아닌 2보다 큰 정수(整數) x, y, z는 없다. 이 문제의 멋진 답을 찾았으나, 여백이 너무 좁아 적지 못한다."

1637년에 나온 페르마의 이 가설은 피타고라스의 정리인 $b^2 + c^2 + a^2$에 기초를 두고 있다. 여기서 $3^2 + 4^2 = 5^2$, $5^2 + 12^2 = 13^2$ 등으로 되지만, 3제곱 이상이 되면 z는 정수가 나오지 않는다.

# 24

# 유체에 대한 파스칼의 법칙

## - 1648년 / 프랑스

작은 힘으로 무거운 물건을 들어 올리거나 움직이려면 지렛대나 도르래, 또는 유압기(油壓器)를 이용한다. 무거운 짐을 싣고 달리는 트럭이라도 브레이크를 살짝 밟으면, 바퀴에 큰 힘이 작용하여 멈추게 된다. 자동차의 이러한 브레이크는 파스칼의 원리를 적용한 유압장치에 의해 큰 힘이 작용하는 것이다. 또한 자동차 서비스 센터에서 차를 가볍게 들어 올리는 것도 유압기이다. 유압기에서는 기름 대신 물을 채워 사용할 수도 있으나, 장치에 녹이 생기는 것을 막기 위해 기름을 주로 사용한다.

기체와 액체는 고체처럼 굳어 있지 않고 흐를 수 있기 때문에 이런 것을 유체(流體)라고 부른다. 고무풍선의 작은 구멍으로 바람을 불어넣으면, 고무풍선은 전체가 동시에 부풀게 된다. 이것은 '밀폐된 공간 속의 유체에 압력을 주면, 그 힘이 모든 방향으로 동일하게 작용하기' 때문이다. 이것을 '파스칼의 법칙' 또는 '파스칼의 원리'라 말한다.

주사기에 물을 넣고 바늘구멍을 손가락으로 막은 상태로 피스톤을 누르면, 물에 작용하는 힘은 주사기 내부 전체에 동일하게 작용한다. 이 때 주사바늘 구멍을 막은 손가락을 떼면, 물은 좁은 구멍으로 세차게 빠져나간다. 이때 만일 주사기 펌프의 면적이 바늘구멍의 면적보다 20배 넓다면, 피스톤에 작용한 힘의 20배 힘이 바늘구멍에 작용하게 된다.

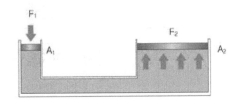

그림에서, $A_2$의 면적이 $A_1$보다 10배 넓은 경우, $A_1$에 $F_1$의 힘이 작용한다면, (같은 면적에 같은 힘이 작용하므로) $A_2$에는 10배의 힘이 작용하게 된다. 즉 $A_2$에 자동차를 얹어두었다면, $A_1$에서 약간의 힘만 주어도 자동차를 들어 올릴 수 있게 된다.

유체의 이러한 성질은 프랑스의 수학자이며 물리학자인 동시에 종교 철학자였던 블레즈 파스칼(Blaise Pascal, 1623~1662)에 의해 처음 알려졌다. 그림은 파스칼의 원리를 설명한다.

# 25

## 게리케의 진공 펌프 공개 실험

### - 1654년 / 독일

그리스의 철학자 아리스토텔레스는 "자연은 진공을 싫어한다."고 말했다. 그의 이러한 사상은 2,000여 년 동안 의심받지 않았다. 오늘날의 사람들은 공기가 압력(기압)을 가지고 있다는 것을 잘 알고 있다. 그러나 17세기가 되기까지만 해도 기압의 존재를 알지 못했다.

기압(氣壓)과 진공(眞空)에 대해 관심을 가진 당시의 과학자들 중에 독일의 아마추어 물리학자 오토 폰 게리케(Otto von Guericke, 1602~1686)가 있었다. 독일 마그데부르크 시의 귀족이면서 부자였던 그는 과학을 좋아했으며, 1650년에 용기 속에서 공기를 뽑아내는 진공 펌프(공기 펌프)를 발명했다.

그는 마그데부르크 시의 시장으로 지내던 1654년, 궁중(宮中)에 들어가 프리드리히 빌헬름 왕 앞에서 공기의 힘이 얼마나 강한지 보여주는 흥미로운 실험

게리케가 기압의 힘을 보여준 반구형 그릇을 '마그데부르크 반구(半球)'라 부른다. 사진은 그것의 모형이다.

을 했다. 직경이 51cm인 구리로 만든 반원형 용기 2개를 서로 마주 붙이고, 그 속의 공기를 진공 펌프로 뽑아낸 후, 붙어 있는 용기 좌우에 말을 8마리씩 매고, 양쪽에서 당겨 붙어 있는 용기를 분리하도록 했다. 그러나 내부가 진공인 반원형 용기는 말 16마리의 힘에도 떨어지지 않았다. 그는 관중들을 더욱 놀라게 하기 위해, 용기에 장치한 작은 손잡이를 살짝 두드려 공기가 들어가도록 했다. 그러자 두 그릇은 당기지 않아도 분리되었다.

게리케는 이러한 공개 실험으로 기압의 힘이 얼마나 강한지 보여주었을 뿐만 아니라, "빛은 진공 속으로 지나갈 수 있지만, 소리는 진공을 지나가지 못한다."는 사실도 발견했고, '진공 속에서는 촛불이 불타지 못하는' 것도 증명해보였다.

# 26

## 파스칼의 확률 이론
### - 1654년 / 프랑스

사람들은 복권에 당첨될 확률이 몇백만분의 1이라는 식으로, 확률에 대해 자주 말하고 있다. 확률(確率, probability)이란, 어떤 일이 일어날 수 있는 정도(확실성의 정도)를 수학적으로 나타내는 것을 말한다. 예를 들어 "동전을 던졌을 때, 앞면이 위로 갈 가능성은 50%(1/2 또는 0.5)이고, 주사위를 굴렸을 때 6이 나올 가능성은 6분의 1이다."라고 하는 것은 모두 확률을 말하고 있다.

만일 "주사위를 4번 굴렸을 때, 4번 모두 6이 나올 확률은 얼마인가?" 하고 묻는다면, 이것은 조금 복잡해지는 수학 문제이다. 다시, "2개의 주사위를 동시에 4번 굴렸을 때, 둘 모두 6이 4번 나올 가능성은 얼마인가?" 이것은 더욱 복잡한 확률 수학이다.

확률은 경제, 사회, 과학 모든 분야에서 중요한 수학이다. 잘 섞은 52매의 카드에서 1장을 뽑아냈을 때, 클로버 A가 나올 확률은 52분의 1이다. 이것은 0.077이라고 할 수도 있다. 도박은 확률의 게임이다.

17세기에 프랑스의 어떤 도박사는 주사위를 던져 하는 도박판에서, 행운을 만날 가능성이 어느 정도인지 자기의 친구인 블레즈 파스칼(Blaise Pascal, 1623~1662, 26항 참고)에게 물었다. 그래서 파스칼은 수학자 친구인 페르마(Pierre de Fermat, 23항 참고)에게 편지를 보내 이 문제를 같이 연구하게 되었고, 결국 두 사람에 의해 확률론이 탄생하게 되었다.

# 27

## 탄성에 대한 '후크의 법칙'

### - 1660년 / 영국

돌에 강한 힘을 주면 휘어지지 않고 깨어진다. 돌은 탄성을 거의 갖지 않은 물질이기 때문이다. 그러나 고무줄을 잡아당겼다 놓거나, 스프링을 눌렀다가 놓아주면 제자리로 돌아간다. 공기를 채운 고무공, 타이어, 풍선, 대나무와 같은 것은 매우 좋은 탄성을 가지고 있다. 고무나 강철 스프링처럼 탄성이 특히 좋은 물체를 '탄성체'라 부르며, 탄성체가 변형되도록 작용하는 힘을 외력(外力)이라 하고, 변형되었던 모양이 되돌아오는 것을 복원력(復原力)이라 한다. 하지만, 아무리 탄성이 좋은 탄성체라도 지나치게 외력을 주면 끊어지거나 아주 변형되어 복원력을 잃게 된다.

로버트 후크가 세포를 관찰한 현미경 모습이다. 영국학술원은 세계에서 가장 먼저 탄생한 과학자들의 학술단체이며, 정식 영어 명칭은 'The Royal Society of London for the Improvement of Natural Knowledge'이다.

뉴턴과 동시대에 런던에 살았던

로버트 후크(Robert Hooke, 1635~1703)는 1662년에 창립된 영국학술원(Royal Society)의 창립 회원이었다. 그는 현미경으로 식물의 세포를 제일 먼저 관찰하고 cell(세포)이라는 이름을 붙인 과학자이기도 하다.

하지만 그는 본래 물리학자였다. 영국학술원 회원이 된 이후 그는 죽을 때까지 계속 실험주임 자리에 있었다. 그는 권위의식이 강하고 논쟁을 좋아했기 때문에 뉴턴과 사이가 나빴다. 그는 여러 가지 실험과 발명을 했는데, 그는 탄성체로부터 중요한 법칙을 발견했다.

"탄성체가 늘어나거나 눌리는(변형되는) 정도는 외력에 비례한다."

후크의 탄성의 법칙은 〈F=kx〉로 나타낸다(F는 힘, x는 탄성체의 길이의 변화, k는 탄성체가 가진 상수이다. 이 상수는 탄성체에 따라 다르다).

그는 자신이 발견한 법칙을 설명하면서, "이 법칙은 매우 간단하다. 스프링과 자와 저울추만 있으면 된다."고 했다. 스프링이 늘어나는 정도는 매달린 추의 무게에 비례하므로, 그 길이를 자로 재면 알 수 있다는 뜻이다.

# 28

## 기체의 부피 변화에 대한 '보일의 법칙'
### - 1662년 / 영국

스킨다이버가 잠수할 때 등에 지고 들어가는 공기탱크라든가, 프로판 가스탱크에는 높은 압력으로 채운 기체가 들어 있다. 같은 크기의 용기 이지만 압력이 강하면 더 많은 기체를 담을 수 있다. 영국의 물리학자이며 화학자인 로버트 보일(Robert Boyle, 1627~1691)은 스스로 만든 성능 좋은 공기펌프(진공펌프)를 이용하여 기체에 대한 여러 가지 실험을 했다. 그는 공기의 부피와 압력 사이에, 오늘날 '보일의 법칙'(Boyle's Law)이라 불리는 원리가 있음을 발견하고, 그 사실을 1662년에 발표했다.

보일은 현대 화학을 탄생시킨 아버지로 불리기도 한다. 보일의 법칙과 함께 중요한 공기의 법칙에는 샤를의 법칙(Charles Law)이 있다(45 항 참조).

"온도가 같은 조건이라면, 일정한 질량을 가진 공기의 부피는 압력에 반비례한다."

이것을 공식으로 나타내면, pV=k이다. p는 압력, V는 기체의 부피, k는 비례상수이다. k는 기체의 종류와 온도에 따라 다르다.

간단한 실험으로, 주사기의 5㎝(5cc) 높이에 피스톤을 고정한 상태에서, 주사기 바늘구멍을 완전하게 막고, 피스톤을 2기압의 힘으로 누른다면, 피스톤 면은 2.5㎝ 높이로 내려가고, 피스톤을 4기압으로 누른다면, 피스톤 면은 1.25㎝까지 내려간다.

보일은 어려서부터 매우 총명하여, 14살 때 이탈리아를 방문하여 갈릴레오의 업적을 공부한 후, 일생 동안 과학을 연구하기로 결심했다. 그는 보일의 법칙만 발견한 것이 아니라, 공기가 없으면 생물이 살지 못하고, 불도 타지 못한다는 사실도 실험으로 증명했다.

# 29

## 자연발생설을 부정한 레디의 실험

### 1668년, 이탈리아

미생물에 대해 알지 못했던 옛 사람들은 고기나 생선에 생기는 구더기, 나뭇잎의 애벌레, 늪의 개구리 등은 자연히 생겨난다고 생각했다. 아리스토텔레스가 말한 "생물은 어버이 없이도 생겨날 수 있다."는 자연발생설은 19세기까지도 별로 의심받지 않았다.

이탈리아의 의사이자 생물학자였던 프란체스코 레디(Francesco Redi, 1626~1697)는 모두가 믿고 있던 자연발생설이 잘못되었음을 실험으로 증명한 최초의 과학자이다. 그는 8개의 유리병을 준비하고, 각 병에 죽은 뱀, 생선, 송아지 고기 등을 넣어두고, 그중 4개의 병은 입구를 봉하고 나머지는 열어두었다. 3, 4일 후 그는 입구를 열어둔 병에만 구더기가 생긴 것을 보았다. 그다음에는 유리병 입구를 얇은 천으로 덮어, 공기는 들어가고 파리만 들어가지 못하도록 하여 같은 실험을 했다. 그 결과도 천을 덮어둔 병에는 구더기가 생기지 않았다.

레디는 이 실험을 통해, 파리가 들어가 산란을 해야만 구더기가 발생한다고 주장했다. 그러나 당시 사람들은 레디의 실험을 잘 믿으려 하지 않았다. 결국 자연발생설이 완전히 부정된 것은, 루이 파스퇴르(89항 참고)

가 1865년에 미생물에 대한 일련의 실험을 통해, 미생물은 어디에나 있으며, "모든 생명체는 다른 생명체로부터 온다."고 발표한 이후였다.

레디의 실험은 생물학 역사에서 자연발생설을 부정한 혁명적인 사건이었다. 발표 당시에는 관심을 끌지 못했지만, 그는 후세 사람들로부터 엄격한 생물 실험을 통해 사실을 증명하는 '실험생물학의 선구자'로 불리게 되었다.

옛사람들은 수천 년 동안 물이 있는 곳에는 개구리가, 생선에는 구더기, 흙에서는 지렁이 등이 자연히 생겨난다는 '자연발생설'을 믿었다.

# 30

## 미적분 수학의 선구자 라이프니츠

### - 1684년 / 독일

직선이 아닌 휘어진 선의 길이를 잰다거나, 울퉁불퉁한 물체의 표면적이나 부피를 측정하려면 어떻게 해야 할 것인가? 이러한 문제는 고대 이집트 시대부터 연구되기 시작했으며, 고대 중국과 인도 등에서도 연구가 이루어지고 있었다. 17세기에 이르러 미적분(integral calculus)이라는 수학이 이 문제를 해결했다.

곡선을 무한히 잘게 쪼개면[미분(微分)하면], 각 조각은 거의 직선이 된다. 이렇게 미분된 길이를 합[積(적)]하면 실제 길이를 구할 수 있게 된다. 휘어진 면이나 공간도 같은 개념으로 계산할 수 있다. 이러한 방법으로 수학적 문제를 해결하는 분야를 미적분학이라 한다. 오늘날 미적분학은 수학만이 아니라 과학, 공학, 경제학 등에서 너무나 중요하게 활용된다.

독일의 고트프리트 라이프니츠(Gottfried Leibniz, 1646~1716)는 미적분학을 탄생시킨 위대한 수학자이며 철학자이다. 그가 미적분이라는 새로운 수학 이론을 발표하자, 뉴턴(32항 참조)은 자신이 먼저 연구한 내용이라 하며, 두 사람 사이에 여러 해 동안 논쟁이 벌어졌다. 뉴턴은 1665년에 미적분을 이미 연구해 놓고도 1687년까지 발표하지 않고 있었던 것이다.

오늘날 이 두 위대한 수학자는 각기 독립적으로 미적분을 개척한 것으로 인정받고 있다.

미적분학에 사용되는 용어 중에는 라이프니츠가 제안한 것이 더 많이 쓰이고 있다. 예를 들면 s자를 길게 늘인 것 같은 '∫'(integral 적분)과 같은 기호는 그가 처음 사용한 것이다. 이 외에도 그는 소수점( . ), 등식 기호(=), 비율을 표시하는 콜론( : ), 곱하기를 의미하는 중간 점(·) 등의 기호를 창안했다.

라이프니츠는 오늘날 컴퓨터의 기본 시스템이 되는 이진법 즉, 0과 1로 모든 것을 표현하는 계산법을 창안하기도 했다. 라이프니츠는 데카르트, 스피노자와 함께 17세기의 위대한 합리주의자로 불리고 있다.

# 31

## 생물의 종에 대한 '레이의 개념'
### - 1686년 / 영국

식물, 동물, 미생물로 크게 분류되는 생물에는 수백만의 종(種, species)이 있다. 나비라고 해도 거기에는 수만 종의 나비가 있고, 원숭이라고 해도 수십 종이 있다. 사자는 1종뿐이지만, 사슴(과)에는 34종의 사슴이 있다. 늑대와 개를 보면 형태가 매우 닮았다. 그러나 개와 늑대는 종이 서로 다르다. 같은 개에 속하는 종일지라도 품종에 따라 크기와 모양에 너무나 차이가 많다. 서로 종을 구별해야 하는 생물학자들에게 "종이란 무엇인가?"를 정의하는 일은 지금도 이론이 여러 가지이다.

영국의 자연과학자인 존 레이(John Ray, 1627~1705)는 18,600종의 식물을 조사한 결과를 3권의 책 『*Historia Plantarum Generalist*』으로 내놓았다. 1686년부터

존 레이는 종에 대한 개념을 처음으로 정의했다. 오늘날에는 분류학자에 따라 종에 대한 30가지도 넘는 정의가 있으며, 염색체의 DNA 서열도 문제가 된다. 지구상에 사는 생물의 종은 약 150만 종이 현재 알려져 있으며, 전체 종의 수는 1,000만~3,000만 종일 것이라고 추정되고 있다.

1704년 사이에 나온 이 책에서 그는 "오래도록 깊이 연구했지만, 종을 정확히 정의하기는 불가능하다. 같은 종으로 보이더라도 변이가 심하다."라고 하면서 다음과 같이 종을 정의했다.

"종이란 서로 교배했을 때, 같은 종의 자손이 태어날 수 있는 생물의 집단이다."

레이는 종(species)이라는 용어를 처음 사용한 사람이다. species는 kind(종류) 또는 form(모양)에 해당하는 라틴어이다. 그는 식물을 크게 나누어, 씨에서 나오는 잎(떡잎 또는 자엽)의 수가 하나인 단자엽식물과 둘인 쌍자엽식물로 처음 분류했다. 또한 식물에 대한 분류 연구 후에는 물고기, 새, 파충류, 포유류, 화석에 대해서도 분류했다.

# 32

## 뉴턴의 '중력의 법칙'

### - 1687년 / 영국

위대한 물리학자인 갈릴레오가 세상을 떠나던 해, 한 사람의 위대한 물리학자이며 수학자인 아이작 뉴턴(Isaac Newton, 1642~1727)이 영국에서 태어났다. 뉴턴은 어렸을 때 성적이 꼴찌에 가까웠다. 그러나 1660년에 케임브리지 트리니티 칼리지에 입학한 이후부터 역사상 가장 훌륭한 과학자의 면모를 보이기 시작했다.

뉴턴은 정원에서 사과가 땅으로 떨어지는 것을 보면서, "왜 사과는 수직으로 땅에 떨어질까?" 하고 의문을 가졌다. 그는 "사과가 떨어지는 이유는 어떤 힘이 잡아당기기 때문일 것이다. 그렇다면 하늘에 뜬 달은 왜 떨어지지 않을까?"하고 깊이 생각하기 시작했다. 결국 그는 우주에 있는 만물은 모두 인력을 가졌으며, 그 인력에는 다음과 같은 법칙이 작용한다는 만유인력(萬有引力, Universal Gravitation)의 법칙, 즉 '중력의 법칙'을 발견했다.

"두 물체 사이에는 서로 끌어당기는 힘(중력, gravitation)이 작용한다. 중력의 세기는 물체가 가진 질량의 곱에 비례하고, 두 물체 사이의 거리의 제곱에 반비례한다."

이것은 $Gm_1m_2/r^2$이라는 공식으로
간단히 나타낸다.

F는 중력의 세기, $m_1$과 $m_2$는 두 물체
의 질량, r은 두 물체 사이의 거리, 그리
고 G는 중력상수(重力常數, gravitational
constant)를 나타낸다. 중력상수는 뉴턴
의 중력 법칙과 아인슈타인의 일반 상대
성 이론에 나오며, 가장 측정하기 어려운
물리학의 한 수치이다.

뉴턴은 중력의 법칙 외에 여러 가지
과학과 수학의 연구 결과를 기록한 저

뉴턴의 사과 이야기는 자신이 기록
하고 있어 진실이라 생각되고 있
다. 중력의 법칙은 전력(電力)에 대
한 쿨롱의 법칙(43항 참조)과 닮았
다. 뉴턴은 운동의 3가지 법칙(33
항 참조)과 빛의 성질에 대해서도
연구했다. 그의 업적은 이후 3세기
동안 과학계를 지배했다.

서 『자연철학의 수학적 원리』(*Mathematical Principle of Natural Philosophy*)를
1687년에 내놓았다. 라틴어로 쓴 이 책은 역사상 최고의 과학서였기에
당시 '과학의 성서(聖書)'라고 불릴 정도였다. 오늘날에는 이 책을 간단히 〈
프린키피아〉(Principia)라 부르고 있다.

『프린키피아』의 제1권에는 힘에 대한 물리 법칙을, 제2권에는 유체(流
體)의 운동에 대하여, 그리고 제3권에는 중력의 법칙을 기록했다. 이 책에
서 뉴턴은 행성들은 중력에 의해 각자의 궤도를 따라 태양 둘레를 선회하
고 있고, 달도 자기의 궤도가 있으며, 달의 중력 때문에 지구상에서 바닷

물이 드나드는 조석(潮汐) 현상이 나타난다고 했다.

그러면 물체는 왜 서로 끌어당길까? 위대한 뉴턴도 이 문제에 대한 설명은 할 수 없었다. 아인슈타인은 1915년에 중력의 법칙에 도전하는 유명한 '상대성 이론'을 발표했다(116항 참조).

# 33

## 뉴턴의 3가지 운동 법칙

### - 1687년 / 영국

　공중을 날아가는 공, 화살, 비행기, 물에서 다니는 배와 잠수함, 언덕을 굴러 내려가는 돌, 시계추의 흔들림[진자(振子) 운동], 자동차의 이동, 제자리에서 맴도는 팽이, 회전하는 물체, 궤도를 따라 도는 달과 행성, 바닷물의 조석 현상, 이 모든 것이 운동이다.

　중력의 법칙을 발견하고, 미적분학을 발전시킨 아이작 뉴턴(Isaac Newton, 1642~1727)은 지구상의 모든 물체와 우주의 천체들이 '3가지 운동 법칙'대로 운동하고 있다는 내용을 『프린키피아』(32항 참조)에 발표했다. 뉴턴의 3가지 운동 법칙은 관성의 법칙, 동력학(動力學)의 기본 법칙, 작용과 반작용의 법칙이다.

　**제1법칙(관성의 법칙)** - 외부로부터 어떤 힘이 작용하지 않는다면, 정지하고 있는 물체는 항상 정지해 있고, 운동하고 있는 물체는 항상 같은 방향으로 같은 속도로 움직이려 한다.

　**제2법칙(동력학의 기본 법칙)** - 운동하고 있는 물체의 힘은 그 물체의 질량에 가속도를 곱한 것과 같다. 즉 F = ma이다(F는 힘, m은 질량, a는 가속도).

**제3법칙(작용과 반작용의 법칙)** - 물체 A가 다른 물체 B에 힘을 가하면, 물체 B는 물체 A에 대해 크기는 같고 방향은 반대인 힘을 동시에 작용한다.

제1법칙은, 만일 날아가는 화살이 공기의 저항을 받지 않는다면, 화살은 같은 방향으로 속도가 변하지 않고 영구히 날아간다는 것이다. 지구에서는 공기가 없는 곳이 없고, 중력이 작용하지 않는 곳이 없어 이것을 증명하기 어려우나, 진공이고 무중력인 우주공간에서는 이 법칙이 증명된다.

제2법칙은, 커다란 군함은 속도는 느리지만 질량이 크고, 날아가는 총알은 빠르지만 질량이 작다. '질량'과 '무게'는 의미가 다르다. 달에 내린 사람의 무게는 훨씬 가볍다. 그러나 그 질량은 지구에서나 달에서나 같다.

정지하고 있던 자동차가 달리기 시작할 때는 느리지만, 시간이 지나면서 점점 빨라진다. 이처럼 시간에 따라 속도가 변하는 정도를 가속도(加速度 acceleration)라 하며, 가속도의 평균값을 '평균 가속도'라 한다. 예를 들어 천천히 휘두르는 몽둥이와 빠르게 휘두르는 몽둥이의 가속도는 다르다.

제3법칙은 작용과 반작용의 힘은 크기가 같지만 작용하는 방향이 반대라는 것을 설명한다. 예를 들어 보트를 타고 노를 뒤로 저으면 배는 앞으로 간다. 선박의 스크루, 비행기의 프로펠러, 제트기와 로켓의 분사는 모두 반작용의 힘을 이용하여 전진한다.

뉴턴의 이러한 운동 법칙은 케플러의 법칙을 증명하여, 태양중심설

에 대한 의심을 완전히 걷어내게 되었
다. 뉴턴은 과학의 역사에서 가장 많은
영향을 준 과학자이며, 그가 쓴 『프린키
피아』는 가장 많은 사람이 읽은 과학책
이었다.

그는 오목거울을 이용하여 천체를
확대하여 관찰할 수 있는 반사망원경을
발명했으며, 프리즘으로 태양빛에 여러
색이 섞여 있음을 증명하기도 했다. 뉴
턴은 성서를 논리적으로 해석한 신앙심
깊은 기독교인이기도 했다.

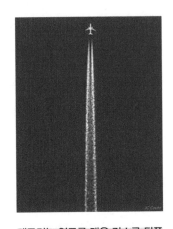

제트기는 연료를 태운 가스를 뒤쪽
으로 강력하게 분사하여 그 반작용
으로 전진한다. 운동 법칙을 맨 먼
저 발견한 뉴턴은 케임브리지 대학
의 수학교수로서, 매주 수학 강의
를 해야 했다. 그러나 그는 연구에
너무 열중한 나머지 강의를 무시하
기도 했다. 그래서 어떤 날은 강의
실에 학생이 아무도 없어 그냥 집
으로 되돌아가기도 했다.

# 빛을 파동으로 생각한 호이겐스의 원리
## - 1690년 / 네덜란드

뉴턴이 살았던 시대까지도 사람들은 '우주 공간은 비어 있지 않고 에 테르(ether, aether)라 부르는, 빛이 지나갈 수 있게 하는 어떤 물질[매질(媒質)]이 있다'고 믿고 있었다. 우주 공간을 에테르가 차지하고 있다는 생각은 고대 그리스 시대부터 갖고 있었다. 그러나 19세기에 이르러 맥스웰(Maxwell 87항 참조)이 "빛은 매질이 없어도 전파된다."는 것을 밝히자, 에테르라는 말은 화학물질 중의 한 이름으로만 남고 우주 공간에서는 사라지게 되었다.

호이겐스는 일찍이 빛을 파동이라고 생각한 물리학자이다. 그는 또한 수학자이며 천문학자이기도 하여, 자신이 만든 망원경으로 오리온성운과 토성의 테를 처음으로 관찰했다.

빛이란 무엇일까? 17세기의 많은 과학자들은 빛의 성질에 대해 논쟁을 벌이고 있었다. 프리즘으로 빛을 굴절시키는 실험을 했고, 반사망원경을 처음 만들었던, 빛의 과학자이기도한 뉴턴은 "빛은 에테르로 가득 찬 우주 공간을 여행하는 입자(corpuscles)이다."라고 규정했다.

그러나 뉴턴과 동시대에 살았던 네덜란드의 물리학자 크리스티안 호이겐스(Christiaan Huygens, 1629~1695)는 "빛은 진행 방향과 수직으로 파면(波面, wavefront)을 가진 파(wave)로 되어 있다."고 말했다. 호이겐스는 어렸을 때 이웃에 있는 운하(運河)의 수면에 생기는 잔물결을 관찰하면서 이러한 생각을 가졌다.

그는 1690년에 쓴 〈빛에 대한 보고서〉에서, "마주 바라보고 있는 두 사람은 서로의 눈동자 속에 비친 자기 모습을 동시에 볼 수 있다. 이것은 빛이 어디로든 막힘없이 지나갈 수 있기 때문이다. 만일 빛이 입자로 되어 있다면, 마주치는 빛의 입자들은 충돌하여, 서로 볼 수 없게 될 것이다."

이 책에서 그는 더 나아가 오늘날 '호이겐스의 원리'라 부르는, 빛이 파로서 작용하는 성질에 대해 말했다. "파면의 모든 점은 새로운 파를 발생시키는 점원(點原)으로 작용한다." (52항의 호이겐스 - 프레넬의 원리 참조)

# 35

## 생물의 몸속에 있는 '생체 시계' 가설

### - 1729년 / 프랑스

진달래, 개나리, 벚꽃 등은 반드시 이른 봄에 핀다. 이처럼 나무들은 1년 중 언제 싹이 트고, 꽃을 피우며, 열매를 성숙시키고, 또 단풍잎으로 변할 것인지 정확히 알고 있다. 나팔꽃은 하루 중에서도 꼭 아침에 핀다. 어떤 나무의 잎은 아침에 펼쳐졌다가 저녁이 되면 접어버린다. 이러한 현상은 고대로부터 관찰되고 있었다.

프랑스의 지구물리학자인 장-자크 메랑(Jean-Jacques d'Ortous de Mairan, 1678~1771)은 원래 천문학자였으나, 도중에 식물 연구에 빠졌다. 그는 식물의 세포와 생리, 그리고 행동이 하루 중의 시간이나, 1년 중 계절에 맞춰 활동한다는 것을 알게 되면서. 생물의 체내에는 마치 시계처럼 주기에 맞도록 작용하는 어떤 기구가 있다는 이론을 1727년에 발표했다.

"식물이 가진 어떤 성질은 태양에 의해 조절되지 않고, 체내의 어떤 기구에 의해 조절된다."

오늘날 '생체(生體) 시계' 또는 '생물 시계'(biological clock)라고 알려진 이 이론은, 식물만 아니라 모든 생물의 체내에 시계와 같은 시스템이 작용하고 있는 것으로 알려져 있다. 생체 시계는 생리 주기(circadian rhythm)라 불리기도 한다. 사람의 생리 주기 중에 체온의 변화를 보면, 이른 아침에 체온이 제일 낮고, 오후 늦게 체온이 가장 높아진다. 비행기를 타고 한국에서 미국이나 유럽으로 가면, 사람들은 잠을 자야 할 시간에 잠이 오지 않는 등, 시차적응(時差適應)을 못해 장기간 고생을 해야 한다.

생물의 몸은 일정한 리듬에 따라 생리활동을 한다. 이러한 생체 시계는 대중들이 사회에서 흔히 사용하는 '바이오리듬'(biorhythm)과는 의미가 다르다.

생체 시계는 몸의 어디에 있을까? 인간의 경우 뇌의 '시상하부'(視床下部)라고 부르는 곳에 있다. 이곳은 시신경과 연결되어 있다. 생체시계는 아직도 연구되고 있는 매우 복잡한 과제이다.

메랑은 한동안 식물을 연구하다가 다시 천체 관측 연구로 되돌아갔다. 그가 천문학으로 복귀한 것은 다행한 일이기도 하다. 왜냐하면, 1731년에 오리온자리에서 'M43'(메랑 성운)이라 부르는 성운을 새로 발견했기 때문이다.

# 36

# 동식물 분류 '린네 시스템'

## - 1735년 / 스웨덴

지구상에 사는 수백만 종의 동식물에 대해 과학자들은 각각 고유(固有)한 이름을 붙여 서로 구분하고 있다. 그런데 우리가 사자라고 부르는 동물을 서양에서는 라이온(lion)이라 한다. 하나의 생물을 서로 다른 이름으로 부른다면 혼란이 온다. 그래서 생물학자(특히 생물분류학자)들은 생물의 각 종에 대해 학술명 또는 학명(學名)이라 부르는 이름을 붙여, 세계인이 공통으로 사용토록 하고 있다. 예를 들면, 사람은 *Homo sapience*이고, 개는 *Canis lupus*, 배추흰나비는 *Pieris rapae*이다. 여기에 나오는 사람, 개, 배추흰나비와 같은 이름은 학명이 아니고, 한국인만이 사용하는 일반명(一般名)이다.

린네는 현대 분류학의 아버지로 불린다. 동식물의 학명 수는 수백만 종에 이르기 때문에 오늘날에는 복잡한 분류 기준이 적용되고 있다. 국제 동물명 협회, 국제 식물명 협회, 국제 미생물명 협회는 각 분야의 학명을 관리하는 국제학술단체이다.

이와 같은 동식물의 학명을 제안하는 방법을 처음으로 제정한 과학자는 스웨덴의 식물학자이며 의사였던 칼 린네(Carl Linnaeus, 1707~1778)였다. 그는 7,900㎞에 이르는 넓은 지역을 걸어서 다니며 온갖 식물과 동물을 조사하여, 1735년에 〈자연의 체계〉라는 책에 그 내용을 기록했다. 이 책에서 그는 동식물의 이름을 세계적으로 통일하여 부르도록 하는 생물 명명법(命名法) '린네 시스템'(Linnaean System)을 제안했다. 그가 제안한 명명법을 '이명식 명명법' 줄여서 '이명법'(二名法)이라 부르는 것은, 학명을 지을 때 앞에 속명(屬名)을, 뒤이어 종명(種名)을 붙여 두 마디로 만들도록 했기 때문이다.

주소를 보면 〈도, 시, 읍(또는 면), 동(또는 리), 번지〉로 점점 세분하여 쉽게 찾도록 한다. 이와 마찬가지로, 동식물은 〈계, 문, 강, 목, 과, 속, 종〉의 단계로 분류한다. 이러한 학명에는 다음과 같은 중요 규칙이 따른다.

1. 같은 학명이 있어서는 안 된다.
2. 학명은 비스듬한 글씨나 밑줄을 그은 로마체로 나타낸다.
3. 학명에는 가장 오래된 언어인 라틴어와 그리스어를 주로 사용한다.
4. 학명의 첫 자는 대문자로 나타낸다.
5. 속명과 종명 뒤에 명명자의 이름이나 발견 지역 이름을 추가하기도 한다.

# 37

## 기체 분자의 운동 이론

- 1738년 / 스위스, 1860년 / 스코틀랜드

---

고무풍선 속에 바람을 불어넣고 입구를 단단히 막은 후, 그 풍선을 온도가 낮은 냉장고에 넣어두면 풍선의 부피는 점점 줄어든다. 그러나 풍선을 따뜻한 곳에 두면 부풀어 올라 부피가 증가한다. 이것은 기체의 부피가 온도의 영향을 받는다는 것을 의미한다. 한편 주사기 바늘구멍을 막고, 피스톤을 누르면, 주사기 안의 기체 부피가 줄어든다. 이것은 공기의 부피가 압력의 영향을 받기 때문이다. 18세기가 되도록 온도와 압력의 변화에 따라 기체의 부피가 왜 변하는지, 그 이유를 잘 알지 못했다.

다니엘 베르누이는 과학의 여러 분야에 걸쳐 많은 연구를 했기 때문에, 프랑스 과학아카데미로부터 10차례나 상을 받았다. 그가 쓴 〈유체역학〉은 특히 유명하다(38항 참조).

네덜란드의 수학자이며 과학자인 다니엘 베르누이(Daniel Bernoulli, 38항 참조)는 16세 때 스위스로 가서 의학 공부를 하였으나, 차츰 물리학을 연구하게 되었다. 그는 기체의 부피가 온도와 압력에 따라 변하는 이유를 '충돌 이론'으로 설명했다. 즉,

"기체는 빠른 속도로 끊임없이 운동하는 작은 분자들로 이루어져 있다. 기체 분자의 이러한 운동은 무질서하게 일어난다. 운동하는 기체의 분자들은 담겨있는 용기(容器)의 벽과 충돌하여 압력이 된다. 뜨거운 기체의 분자는 더 빠르게 충돌하여 큰 압력을 나타낸다."

스코틀랜드의 물리학자이며 수학자인 맥스웰은 '전자기(電磁氣) 이론'(88항 참고)을 처음 확립한 과학자로 유명하다.

베르누이의 이러한 '충돌 이론'은 120년이 지난 뒤, 제임스 맥스웰(James Clerk Maxwell, 1831~1879)이 정밀한 수학적 이론으로 증명했다. 맥스웰은 기체의 분자 운동을 매우 간단하게 설명했다.

"기체의 분자는 공간 속에서 자유롭게 운동한다. 분자들은 서로 충돌하거나 용기의 벽과 부딪혀도 분자가 가진 운동 에너지는 감소하지 않는다(완전 탄성 충돌). 기체의 운동 에너지는 온도가 상승하면 커지고, 온도가 내려가면 감소한다."

베르누이와 맥스웰이 주장한 이러한 분자 운동 이론은 '기체의 운동 이론'(kinetic theory of gases), '기체의 분자 운동 이론', 또는 간단히 '운동 이론'이라 부른다. 이 운동 이론은 기체만 아니라 액체와 고체에도 적용된다. 즉 고체와 액체의 부피도 온도가 높아지면 팽창한다(물의 경우 조금 다름).

# 38

## 베르누이의 원리

### - 1738년 / 스위스

과학의 여러 법칙 중에서 베르누이 원리(Bernoulli principle)는 그 용도가 매우 많기로 유명하다. 또한 학교 과학시간에는 베르누이 원리를 자주 실험해보고 있다. 이 원리는 특히 비행기나 선박, 자동차를 설계할 때 가장 중요하게 여기고 있다. 이 원리에 잘 맞도록 설계해야 비행기라든가 배가 효과적으로 빨리 달릴 수 있기 때문이다.

비행기의 날개를 보면, 윗면이 약간 불룩하게 되어 있어, 아랫면보다 윗면의 폭이 길다. 그러므로 비행기가 앞으로 나아가면, 날개 윗면으로 흐르는 공기의 유속(流速)이 아랫면을 지나는 유속보다 빠르게 된다(67쪽 그림 참조). 이처럼 유체가 운동할 때 기압이 낮아지는 현상을 베르누이의 원리라고 하는데, 한 마디로 말하면,

"기체나 액체의 흐르는 속도가 증가하면 그 부분의 압력이 낮아지고, 유속이 감소하면 압력이 높아진다."

기체와 액체처럼 흐를 수 있는 물질을 유체(流體)라고 부르는데, 유

체가 나타내는 이러한 성질을 처음 발견한 과학자는 네덜란드의 다니엘 베르누이(Daniel Bernoulli, 1700~1782)이다. 그는 천재적인 수학자이기도 했다. 물리학에서는 유체 속에서 일어나는 운동에 대한 연구를 '유체역학' 또는 '유체동력학'(fluid dynamics)이라고 부른다 (37항 참조).

비행기가 빠른 속도로 수면 위로 지나가자, 비행기 아래 부분 수면의 기압이 낮아져 바닷물이 분수처럼 솟아오르고 있다.

야구 경기장의 투수는 공을 여러 가지 방법으로 회전시켜 던짐으로써 공이 곡선으로 날아가도록 한다. 이때도 공은 베르누이 원리에 의해 휘는 방향이 달라진다. 과학관에 가면 베르누이 원리

유속이 빠르다(압력이 낮다)

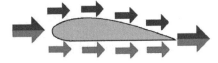

유속이 느리다(압력이 높다)

비행기는 날개 윗면이 불룩하여 아랫면보다 길다. 날개가 앞으로 나가면 날개 윗면으로 흐르는 공기가 아랫면보다 더 빨리 지나기 때문에, 날개 윗면의 기압이 더 낮아져, 날개(비행기)는 위로 떠오르게 된다.

를 응용한 전시물을 자주 볼 수 있다.

좁은 관 속으로 바람을 불어 물을 안개처럼 뿜도록 만든 분무기는 베르누이 원리를 잘 응용한 것이다. 좁은 관 속에서 베르누이 원리에 의해 나타나는 효과는 따로 '벤투리 효과'(Venturi effect)라 하고, 이러한 목적으로 만든 관은 '벤투리 관'(Venturi tube)이라 한다. 이탈리아의 과학

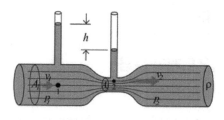

중간의 좁은 부분으로 유체가 지나가면, 그 부분에서 속도가 빨라지므로 기압이 낮아진다. 벤투리는 이러한 원리로 분무기를 처음 만들었다.

자인 벤투리(G. B. Venturi, 1746~1822)는 베르누이 원리를 응용하여 물이나 향수를 안개처럼 뿌리는 분무기를 처음 만들었다.

# 39

## 섭씨와 화씨온도계의 눈금

### - 1742년 / 스웨덴

온도는 기상관측에 꼭 필요하다. 뿐만 아니라 온도의 측정단위는 과학 연구에 중요한 기준의 하나이다. 온도를 나타내는 단위에는 섭씨온도(Celsius scale)와 화씨온도(Fahrenheit scale)가 있다. 오늘날 국제적으로는 섭씨온도를 사용토록 정하고 있으나, 미국을 비롯한 일부 나라에서는 오랜 관습 때문에 화씨온도를 사용하고 있다.

섭씨온도는 물이 어는 온도를 0도로 하고, 물이 끓는 온도를 100도로 정하고 있다. 다시 말한다면 물이 어는 온도와 끓는 온도 사이를 100등분하고 있다. 이 섭씨온도는 스웨덴의 안데르스 셀시우스(Anders Celsius, 1701~1744)가 처음 정했다. 셀시우스는 웁살라 대학의 교수로서 천문학자였으나, 천문학적 업적은 별로 알려져 있지 않고 온도의 단위를 정한 과학자로 이름이 남았다.

그는 물이 어는 온도를 100도로 하고, 끓는 온도를 0도로 정한 온도의 단위를 발표했다. 그러나 그가 죽은 1년 뒤, 칼 린네(36항 참조)는 오늘날처럼 어는 온도를 0도, 끓는 온도를 100도로 할 것을 제안하여, 오늘날과 같은 온도의 단위로 삼게 된 것이다. 섭씨온도계에는 알코올과 물의 혼합액

원래 천문학자였던 셀시우스는 손수 만든 광학장치를 이용하여 별의 밝기를 매우 정밀하게 측정했다. 셀시우스가 정한 온도 단위를 우리는 '섭씨온도'라 부른다.

이 온도계는 안쪽에 섭씨온도, 외곽에는 화씨온도를 나타내고 있어, 온도를 즉시 대비해 볼 수 있다.

(눈금이 잘 보이도록 붉은 색소를 혼합)을 사용하여 온도에 따라 팽창하고 수축하는 정도를 읽도록 만든다.

한편 화씨온도는 순수한 물이 어는 온도를 32도, 끓는 온도를 212도로 정하고 그 사이를 180등분한 것이다. 화씨온도계를 처음 고안한 사람은 독일계 네덜란드인인 물리학자 가브리엘 다니엘 파렌하이트 (Gabriel Daniel Fahrenheit, 1686~1736)이다.

섭씨온도계에 봉입(封入)한 알코올과 물의 혼합액은 낮은 온도에서 끓어버리므로 고온을 측정하는 데는 사용하지 못한다. 그러나 화씨온도계에는 수은을 넣어 훨씬 고온도 측정할 수 있다. 파렌하이트는 자신이 만든 수은온도계로 여러 물질의 '끓는 온도'를 측정한 결과, 모든 물질은 종류에 따라 끓는 온도가 일정하며, 끓는 온도는 압력에 따라 변한다는 사실을 발견했다. 즉 물의 경우 압력이 적으면 섭씨 100도가 되기 전에 끓어버리고, 압력이 높으면 100도 이상의 온도에서 끓는다.

# 정전기를 모으는 라이덴병

## - 1745년 / 네덜란드, 1756년 / 독일

라이덴병은 정전기를 저장할 수 있는 최초의 장치(일종의 축전기)를 말한다. 라이덴병이 발명된 이후 수많은 과학자들이 이것으로 전기 실험을 하게 되어, 전기에 대한 많은 지식을 갖게 되었다. 라이덴병은 오늘날의 전자 부속품의 하나로 사용하는 크고 작은 다양한 콘덴서(condenser 또는 capacitor)의 원형이다.

겨울철이 오면 정전기 때문에 깜짝 놀라는 경우를 자주 경험하게 된다. 마찰에 의해 생겨나는 이러한 전기는 흐르지 않고 대전체(帶電體)에 머물러 있기 때문에 정전기(靜電氣)라 부른다. 송진 등의 수액(樹液)이 굳어 생겨난 호박(琥珀, amber)이나 유리막대, 또는 플라스틱 빗

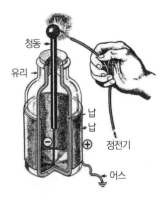

라이덴병의 구조. 유리병 안과 바깥에 얇은 납판을 붙였으며, 유리병 입구에 청동으로 만든 막대가 달린 공처럼 생긴 전극을 끼우고, 그 막대 끝에는 청동 사슬을 이어 유리병 바닥에 닿도록 했다. 정전기 발생장치로 +정전기를 만들어 병 입구의 전극에 접촉하면, 병 외부의 구리판에는 −정전기가 유도되어, 서로 끄는 상태가 되어 정전기는 없어지지 않고 저장된다.

을 털옷에 대고 문지르면(마찰하면) 정전기가 잘 발생한다. 정전기는 물체를 구성하는 분자가 전자(電子)를 잃거나 얻었을 때 생겨난다. 정전기는 시간이 지나면 저절로 방전(放電)되어 없어진다. 영어로 전자는 electron이라 하고, 전기는 electricity라 부르는데, 이것은 호박의 그리스어인 *electricus*에서 나온 것이다.

정전기에 대한 18세기의 초기 연구자들은 정전기를 이용하여 마술을 부리기도 했다. 1732년에 영국의 과학실험가인 스티븐 그레이(Stephen Gray, 1666~1736)는 금속으로 만든 전선을 사용하면 정전기를 먼 곳으로 보낼 수 있다는 사실을 발견했다. 그는 또한 인체도 전기가 통한다는 것을 알고, 사람들 앞에서 정전기에 감전되어 충격을 받는 흥미로운 실험을 해보이기도 했다.

1744년, 네덜란드 라이덴 대학의 피터르 판 뮈스헨브루크(Pieter van Musschenbroek, 1692~1761) 교수는 정전기를 축적할 수 있는 유리병을 이용한 장치를 발명했다. 오늘날 그 축전장치를 라이덴병(Leyden Jar 또는 Leiden Jar)이라 부른다. 거의 같은 시기(1745년)에 독일의 과학자 클라이스트(Ewald Georg von Kleist 1700~1748)도 독자적으로 비슷한 구조로 축전장치를 만들었다. 그래서 오늘날 라이덴병은 두 사람이 각기 독자적으로 발명한 것으로 인정하고 있다.

# 41

## 행성의 위치에 대한 '보데의 법칙'

### - 1772년 / 독일, 영국

독일의 천문학자 요한 엘러트 보데(Johann Elert Bode, 1747~1826)와 영국의 천문학자인 조안 티투스(Johann Daniel Titus, 1729~1796)는 1768년경에 태양계의 행성 6개가 일정한 법칙을 따르는 거리에 위치하고 있다는 사실을 각기 발표했다.

이 행성 거리의 법칙은 보데의 법칙(Bode's Law) 또는 티투스 - 보데의 법칙(Titus-Bode Law) 으로 알려져 있다.

0, 3, 6, 12, 24, 48, 96으로 된 수열은 0을 제외하고 앞 수의 2배이다. 이 수열의 각 수에 4를 더하고, 그 값을 10으로 나누면 0.4, 0.7, 1.0, 1.6, 2.8, 5.2, 10이 된다. 이 수열의 각 수에 4를 더하고,

화성과 목성 사이에는 수없이 많은 작은 천체들이 흩어져 있는 소행성대가 있다. 소행성들 가운데 가장 큰 세레스는 직경이 950km이며, 소행성 천체 부피의 32%를 차지한다. 사진은 허블 우주망원경으로 촬영한 세레스의 모습이다.

그 값을 10으로 나누면 0.4, 0.7, 1.0, 1.6, 2.8, 5.2, 10이 된다. 이 수치는 각 행성이 태양으로부터 떨어진 거리를 2.8을 제외하고 천문단위로 나타낸다. '1천문단위'는 태양의 중심에서 지구 중심까지의 평균 거리 1억 4,690만 km를 말한다. 즉 0.4 천문단위에는 수성, 0.7단위에는 금성, 1.0단위에는 지구, 1.6단위에는 화성, 5.2단위에는 목성, 10단위에는 토성이 있다.

독일에서 탄생한 영국의 천문학자 윌리엄 허셜(William Herschel, 1738~1822)은 1781년에 천왕성(Uranus)을 발견했다. 보데의 법칙을 따르는 지수(指數) 계산을 계속하면,

192+4 = 196

196÷10 = 19.6이 된다.

허셜은 보데의 법칙을 증명하는 19.6에 가까운 19.2천문단위 거리에서 천왕성을 발견한 것이다. 그러나 보데가 예상했던 2.8천문단위 거리에서는 행성이 발견되지 않다가, 1801년에 세레스(Ceres)라는 작은 행성(소행성)이 화성과 목성 사이에서 발견되었다.

그러나 1846년과 1930년에 각각 발견된 해왕성과 명왕성은 보데의 법칙에 맞지 않는 곳에 있다. 즉 보데의 법칙에 의하면 38.8천문단위와 77.2천문단위에 있어야 할 것이 30과 39.2천문단위에서 발견된 것이다.

지난 2006년에 세계의 천문학자들은 오래도록 소행성(minor planet, asteroid)으로 불러오던 세레스를 일반 소행성보다는 크기 때문에 '왜행성'(倭行星, dwarf planet)이라는 이름으로 재분류하게 되었다.

# 42

## 광합성의 잉엔하우스 이론
### -1779년 / 네덜란드

광합성은 자연계에서 일어나는 가장 중요한 화학반응이다. 즉 식물은 태양이 비칠 때 이산화탄소를 흡수하여 탄수화물을 생산하는 광합성을 한다. 이때 식물의 잎에서는 열도 발생하지 않고, 어떤 공해물질도 생산되지 않는다.

네덜란드의 물리학자이며 화학자인 얀 잉엔하우스(Jan Ingenhousz, 1730~1799)는 식물의 광합성 작용에 대해 별로 알지 못하고 있던 당시에 중요한 실험을 했다. 그는 낮에 식물의 잎에서 나오는 기포와 밤에 나오는 기포를 조사한 끝에, 광합성을 하는 낮에는 산소가 나오고, 밤에는 이산화탄소가 나온다는 것을 알았다. 그리고 밤에 생산되는 이산화탄소의 양은 낮에 생산되는 산소의 양에 비해 훨씬 적다는 것도 확인했다.

잉엔하우스는 전기, 열의 전도, 화학 분야에서도 많은 연구를 했으며, 벤저민 프랭클린과 헨리 캐번디시를 만나기도 했다. 그는 수면에 떨어진 석탄의 먼지가 불규칙하게 움직이는 '브라운 운동' 현상을 관찰하기도 했다.

이후 그는 "식물이 낮에 광합성을 할 때는 산소를 내놓지만, 빛이 없는 밤에는 그 반대 과정이 일어난다."는 주장을 했다. 이것을 '잉엔하우스의 광합성 이론'(Ingenhousz's Theory of Photosynthesis)이라 한다. 그의 이론은 "식물의 몸을 이루는 성분은 땅에서 오지 않고 공기 중에서 온다."는 사실도 밝혔다.

잎은 빛이 있으면 녹색 엽록소가 흡수한 빛에너지를 이용하여 물과 이산화탄소를 결합시켜 화학에너지를 생산하고, 이때 산소를 방출한다. 이러한 화학반응을 명반응(明反應)이라 한다. 반면에 어두워지면, 이산화탄소가 에너지 덩어리인 당분으로 변하는데, 이는 암반응(暗反應)이라 한다 (광합성에 대한 보다 자세한 내용은 148항 '칼빈 회로'를 참고).

# 43

## 전기의 힘에 대한 '쿨롱의 법칙'

### - 1785년 / 프랑스

프랑스의 화학자였던 뒤 파이(Charles Francois du Fay, 1698~1739)는 유리관을 문질렀을 때 발생하는 정전기와 호박(琥珀)을 문질렀을 때 생기는 정전기가 서로 달라, 같은 성질의 전기는 서로 밀고, 다른 전기는 서로 끄는 현상을 발견했다. 그는 1733년 '전기에는 두 가지가 있다'는 결론을 내렸다. 전기가 음전기와 양전기두 가지라는 것은 훗날 밝혀졌다(40항 라이덴병 참고).

뒤 파이는 정전기에 두 가지 성질이 있어, 같은 성질은 서로 밀고, 다른 성질은 당긴다는 사실을 발견했다.

프랑스의 물리학자였던 쿨롱(Charles Augustin du Coulomb, 1736~1806)은 파이가 발견한 이러한 정전기의 성질을 연구한 끝에 1780년대에 아래와 같은 쿨롱의 법칙(Coulomb's Law)을 발견했다.

"정전기를 가진 두 물체 사이에 작용하는 서로 끌거나 밀거나 하는 힘

쿨롱이 발견한 전기력의 법칙은
전자기학 발달의 기초가 되었다.

의 크기(전기력)는 각각이 가진 정전기의
양(전하량)에 비례하고, 둘 사이의 거리의
제곱에 반비례한다."

$$F = k_e \times q_1 \times q_2 \div r^2$$

$F$는 전기력

$k_e$는 비례상수

$q_1, q_2$는 각 물체의 전하량

$r$은 둘 사이의 거리

이후 이 쿨롱의 법칙은 전자기학(電磁氣學) 발달에 기초가 되었다. 오
늘날 우리는 전기를 띤 물체가 미치는 전기력의 범위를 전기장(電氣場
electric field)이라 한다. 이 쿨롱의 법칙은 전기장뿐만 아니라 자기장
(magnetic field)에서도 적용되어, '로렌츠의 힘의 법칙'(Lorentz Force Law)
을 탄생시켰다.

# 44

## 지질학을 선도한 허턴의 동일과정 이론

### - 1785년 / 스코틀랜드

오늘날의 과학자들은, 우주가 탄생한 역사는 약 140억 년이고, 지구의 나이는 약 46억 년이라 믿고 있다. 그러나 18세기에 이르러서도 유럽 사람들의 의식은 성서의 기록과 기독교 교리가 지배하고 있었다. 따라서 당시 사람들은 지구가 우주의 중심이라고 믿었던 것과 마찬가지로, 지구의 나이는 수천 년에 불과하고, 지구의 모습은 창조된 당시의 모습과 크게 다르지 않다고 믿고 있었다.

스코틀랜드의 지질학자이며 물리학자인 제임스 허턴(James Hutton, 1726~1797)은 원래 훌륭한 농부였다. 그는 장기간 농사일을 하는 동안 토양과 암석에 대해 많은 것을 이해하게 되자, 1768년부터 농사를 그만 두고 지질학에 빠져들었다. 이때 허턴은 그를 '현대 지질학의 아버지'로 불리도록 만든 중대한 허턴의 동일과정설(Hutton's Uniformitarianism)을 발표했다.

"지구는 침식과 융기 등의 현상이 주기적으로 일어나 변화되어 왔으며, 이러한 변화는 현재도 계속되고 있고, 앞으로도 긴 세월을 두고 매우 느리게 진행될 것이다."

제임스 허턴은 지구의 나이가 수천 년이라고 믿던 시대에, 지구는 침식과 화산 활동 등이 장기간 균일하게 지속되면서 매우 느리게 변화되어 왔다고 주장했다.

그는 또한 지구는 내부의 열 때문에 변화가 발생하며, 우리는 지구가 탄생한 때의 상태를 알 수 없고, 지구 마지막 날의 모습에 대해서도 예측할 수 없다고 주장했다. 그러자 많은 사람들은 그를 무신론자라고 비방했다.

허턴은 1785년에 이러한 동일과정설을 에든버러의 왕립학회 논문에 발표했다. 그러나 아무도 관심을 나타내지 않았다. 그는 1795년에 이 내용을 기록한 『지구의 이론』이라는 책을 발간했으나, 마찬가지로 모두 무관심했다. 그러나 1830년에 영국의 법률가이며 지질학자인 찰스 라이엘(Charles Lyell, 1797~1875) 경이 허턴의 이론을 지지하게 되자, 그는 세상에 새롭게 알려지게 되었다. 지구의 나이가 수천 년이 아니라는 허턴과 라이엘의 동일과정 이론은 훗날 찰스 다윈으로 하여금 진화론의 개념을 갖도록 영향을 주었다(86항 찰스 다윈 참조).

# 45

## 공기의 부피에 대한 '샤를의 법칙'

### - 1787년 / 프랑스

프랑스의 발명가이자 수학자인 자크 샤를(Jacques Charles, 1746~1823)은 1783년 8월 27일, 형제 로버츠와 함께 수소 가스를 채워 사람이 탈 수 있도록 만든 최초의 기구(氣球, hydrogen balloon)에 올랐다. 그들이 제작한 기구는 파리 상공 900m까지 올라갔다. 그 뒤 샤를은 약 3,000m 높이까지 오르는 기구를 만들어 타기도 했다. 샤를이 수소 기구를 만든 10일 후에는 몽골피에(Etienne Mongolfier, 1745 ~1799)가 뜨거운 공기를 넣은 기구(hot-air balloon)를 처음으로 띄워 올렸다.

기체의 성질에 대해 큰 흥미를 가졌던 샤를은 보일의 법칙(28항 참고)에 뒤이어 샤를의 법칙(Charles' Law)을 발견했다. 보일과 샤를의 두 법칙은 학교에서 기체의 성질을 배울 때 오늘날에도 실험해보고 있다.

"압력이 일정할 경우, 기체의 부피는 절대온도에 비례한다. 다시 말해, 기체의 온도가 2배이면, 부피도 2배로 된다."

이것을 수식으로 나타내면,

$V_1/T_1 = V_2/T_2$

샤를의 법칙은 보일의 법칙보다 약 100년 뒤에 발견되었다. 샤를은 그의 형과 함께 1783년에 기구에 수소를 넣어 파리 상공 1.000m 높이까지 직접 타고 올라갔고, 나중에는 알프스의 최고봉보다 높은 6,400m까지 올라가는 데 성공했다. 그는 기구에서 공기의 성분과 지자기 등에 대한 조사도 했다.

$V_1$은 절대온도 $T_1$일 때의 부피

$V_2$는 절대온도 $T_2$일 때의 부피

(\* 절대온도는 79항 참조)

기체의 이러한 성질은 다른 두 과학자인 프랑스의 게이뤼삭(Joseph Louis Gay-Lussac)과 영국의 돌턴(John Dalton)이 1802년과 1801년에 각각 독립적으로 발견하여 발표했으나, 샤를이 약 20년 앞서 발견했기 때문에 영예는 샤를에게 돌아갔다.

화학시간에 기체의 부피에 대해 공부할 때는 샤를의 법칙, 보일의 법칙, 그리고 아보가드로의 법칙(57항 참조)을 함께 배운다. 보일과 샤를의 법칙을 통합하여 하나의 수식으로 나타내면,

$pV/T = $ 상수(常數, constant)

가 되고(p는 기압, V는 부피, T는 절대온도), 아보가드로의 법칙과 보일 – 샤를의 법칙을 모두 연관하면,

$pT/nt = $ 상수

가 된다(n은 기체분자의 수).

# 46

## 라부아지에의 '질량 불변의 법칙'

### - 1789년 / 프랑스

프랑스의 앙투안 라부아지에(Antoine Lavoisier, 1743~1794)는 '화학의 아버지'로 불린다. 당시까지 사람들은 고대의 '4원소설'을 믿어 물과 공기를 원소라고 생각하고 있었다. 라부아지에는 물과 공기가 모두 화합물이라는 것을 처음으로 증명했다. 한편 당시 사람들은 "물질이 연소하면 플로지스톤이라는 질량이 없는 물질이 생성된다."고 믿고 있었다. 그러나 그는 100여 년 동안 지배해온 플로지스톤설(Phlogiston theory)을 부정했다.

라부아지에는 23살에 프랑스 왕립과학아카데미 회원으로 선출되었으며, 사업 이익금으로 거대한 화학실험실을 집 뒤뜰에 마련했다. 그의 실험실은 유럽과 미국 등지의 저명한 학자들의 집합장소이기도 했다.

그는 공기 중에서 금속을 가열하면 질량이 증가한다는 사실을 증명했으며, 동물과 식물이 호흡할 때 산소가

라부아지에의 부인 마리는 그의 실험 조수였으며, 번역하는 일과 라부아지에가 쓴 책의 그림을 그리기도 했다.

어떤 역할을 하는지에 대해 설명하기도 했다. 그는 물질이 연소하는 현상은 연료와 산소가 결합하는 화학반응이고, 금속이 녹스는 것은 산소와 화학반응이 일어난 결과라고 밝혔다. 그는 화학변화가 일어나기 전후의 물질의 질량을 화학천칭(정밀한 저울)을 사용하여 비교해본 결과, 마침내 '질량 불변의 법칙'(Law of Conservation of Mass)을 발견했다.

"화학반응에서는 반응 전 물질의 전체 질량과 반응 후 생성 물질의 전체 질량은 같다."

화학반응이 일어날 때, 물질의 상태는 변할지라도 새롭게 질량이 창조되거나 소멸되지는 않는다는 이 법칙은 오늘날에도 변함이 없다. 라부아지에는 물이 산소와 수소의 화합물이라는 사실과 공기는 질소와 산소 외에 다른 기체가 혼합되어 있다는 사실도 밝혔다. 그는 여러 가지 원소의 이름을 지었으며, 화학용어의 기초 체계를 세우기도 했다.

라부아지에는 큰 재산과 과학자로서의 명예 때문에 1792년 자코뱅당이 혁명을 일으켜 권력을 장악했을 때 재판을 받게 되었다. 재판정에서 그는 "나는 정치에 관여한 사실이 없으며 징세청부인으로 얻은 수입은 모두 화학실험에 사용했다. 나는 과학자이다."라고 주장했다. 그러나 혁명재판부는 "프랑스 공화국에는 과학자가 필요 없다. 정의만이 필요하다."고 하여 그를 단두대로 보냈다. 라부아지에가 죽고 2달 후 혁명정부는 무너지고, 당수와 다른 혁명 지도자들도 단두대에 올랐다.

# 47

## 갈바니와 볼타의 전류 개념

### - 1791, 1799년 / 이탈리아

이탈리아 볼로냐 대학의 의사이며 해부학자인 갈바니(Luigi Galvani, 1737~1798)와 이탈리아의 물리학자 볼타(Alessandro Volta, 1745~1827)는 전류에 대해 처음 연구한 과학자들이다. 그들이 전류를 발견하기 이전까지 과학자들은 정전기에 대해서만 알고 있었다. 정전기와 달리 움직이는 전기 즉 동전기(動電氣) 전류(electric current)를 알게 되면서 전기에 대한 과학이 급속히 발전하게 되었다.

1786년 어느 날, 갈바니와 그의 조수는 개구리를 해부해 놓고, 개구리의 허벅지 근

갈바니의 처음 이론에는 잘못이 있었다. 그러나 중요한 사실은, 갈바니의 이 발견으로 인하여 생물의 근육, 신경, 세포 사이에 흐르는 생체전기(bioelectricity)에 대한 연구가 시작되었다.

육을 구리로 된 작은 갈고리로 젖히고, 금속으로 만든 해부칼을 대자, 죽은 듯이 있던 개구리 다리가 마치 살아 있듯이 크게 경련을 했다. 이러한 움직임은 해부칼을 접촉할 때마다 일어났다. 이것은 전류와 생물 사이의

볼타의 업적은 정전기가 아닌 동전기에 대한 연구를 처음으로 한 것이다. 그의 연구는 오늘날의 전지(축전지)를 발명토록 했다. 그는 전기분해에 대해서도 많은 연구업적을 남겼다.

관계를 처음 관찰한 사건이었다. 많은 실험 끝에, 갈바니는 "동물의 조직에 두 가지 금속을 접촉하면, 근육에서 전류가 생긴다."고 했다.

갈바니의 실험결과가 세상에 알려지자, 어떤 사람은 농담으로 그를 '개구리의 댄싱 마스터'라고 부르기도 했다. 그러나 이후 몇 해 동안 여러 과학자들이 개구리로 여러 가지 실험을 했다. 그중에는 볼타도 있었다. 그러나 볼타는 아무리 실험을 해보아도 갈바니가 말한 대로 동물의 근육에서 전기가 발생한다는 이론을 믿기 어려웠다.

1791년, 그는 소금물 속에 구리판과 아연판을 넣고, 두 금속 사이를 전선으로 이으면, 전기가 발생한다는 사실을 발견했다. 또한 그는 구리판과 아연판을 여러 층으로 만들어 접속하면 더 많은 전기가 생겨나는 것을 알게 되었다. 이렇게 하여 볼타는 처음으로 전류를 생산하는 최초의 전지를 발명한 것이다. 이후 볼타는 "전류는 동물의 조직 때문에 생기는 것이 아니고, 화학작용으로 발생한다."고 했다.

오늘날 '갈바노미터'(galvanometer)라고 부르는 것은 매우 약한 전류를 측정하는 기구를 말한다. 한편 볼타의 업적을 기려, 전압의 단위로 볼트(volt) 또는 볼테이지(voltage)라는 말을 사용하고 있다.

# 48

## 열에 대한 '럼퍼드의 이론'

- 1798년 / 영국

　열은 태양에서도 오고, 물체를 태워도 발생하며, 나무토막을 서로 비빌 때(마찰할 때)도 생겨난다. 18세기의 과학자들은 '열이 무엇인지'에 대해 연구하기 시작했다.

　벤저민 톰슨은 빛의 밝기를 측정하는 광도계를 발명하기도 했으며, 현대 열역학 연구의 선구자로 불리고 있다.

　일부 과학자는 "열이란 칼로릭(caloric 열)이라 부르는 물질이 흐르는 것이다. 모든 물질은 얼마간의 칼로릭을 가지고 있으며, 칼로릭을 방출하고 나면 온도가 내려가고, 만일 물체에 칼로릭을 공급하면 온도가 올라간다."고 상상하기도 했다. 그러나 이런 이론으로는 "마찰하면 왜 열이 발생하는가?"에 대해 설명할 수 없었다.

　미국에서 태어난 물리학자인 벤저민 톰슨(Benjamin Thomson, 1753~1814)

벤저민 톰슨은 빛의 밝기를 측정하는 광도계를 발명하기도 했으며, 현대 열역학 연구의 선구자로 불리고 있다.

은 군사용 폭약과 대포 제조에 관여했다. 미국의 독립전쟁(미국의 혁명전쟁 1775~1783)이 일어나자, 1776년에 그는 영국으로 가서 살았으며, 독일에서도 연구를 했다.

독일에 있던 1798년, 대포의 총신에 구멍을 뚫을 때 엄청난 열이 발생하자, 톰슨은 총신을 물탱크에 담그고, 말의 힘을 빌려 천공기(穿孔機)를 돌려 총신에 구멍을 뚫었다. 약 2시간 반 작업을 계속하자 물탱크의 물이 드디어 끓기 시작했다. 어떤 연료도 사용하지 않고 많은 양의 물이 끓어버린 것이다.

'럼퍼드(Rumford) 백작'으로 불리던 톰슨은, 이 실험을 공개한 후, 칼로릭설을 부정하고, '럼퍼드 열 이론'(Rumford's Theory of Heat)이라 불리는 열에 대한 새 이론을 내놓았다.


"기계적인 일은 열로 변환될 수 있다. 열이란 입자가 운동하는 에너지이다."


벤저민 톰슨은 발명가로서 열과 관련된 여러 가지 발명을 했으며, 훗날 열량을 측정하는 칼로리미터를 발명하기도 했다.

# 49

## 인구에 대한 맬서스의 원리
### - 1798년 / 영국

21세기의 과학자들은 식량부족, 화석연료의 고갈, 공해, 물의 부족, 온실효과에 의한 지구의 기후 변화 등이 인류의 미래를 위협한다고 염려한다. 역사적으로 18세기 말에 이르자, 유럽은 산업혁명이 일어나 생산기술이 발전하고 소득이 증가하자, 인구가 매우 빨리 증가하는 사회적 변화가 나타나고 있었다.

이러한 시기에 영국의 경제학자이며 수학자인 토머스 맬서스(Thomas bert Malthus, 1766~1834)는 1798년부터 1826년까지 『인구론』(An Essay on the Principle of Population)이란 책을 6차례에 걸쳐 새로운 내용으로 고쳐 출판했다. 인류의 미래를 매우 비관적으로 생각하는 그의 인구론은 당시 사회에 큰 반응을 일으켰으며, 엄청난 논쟁을 불러일으키기도 했다.

"만일 이대로 간다면, 인구는 기하급수적으로(1, 2, 4, 8, 16 …) 증가하고, 식량은 산술급수적으로(1, 2, 3, 4, 5 …) 증가할 것이다. 이대로 2세기가 지나면 인구 256에 대해 식량공급은 9가 될 것이다."

의학이 발달하고 영양 상태와 생활 여건이 좋아져 인간의 수명도 많이 늘어났으나, 산업화된 국가에서는 인구 증가율도 높지 않고, 식량부족 현상도 크게 나타나지 않고 있다. 맬서스의 인구론은 기술진보가 별로 없었던 13~18세기의 농경시대에 적용될 수 있었다.

인구 증가율이 식량 생산 증가율을 크게 넘어서 기아의 위기를 맞게 될 것이라는 그의 생각과는 달리, 동시대에 살았던 영국의 철학자 고드윈(William Godwin, 1756~1836), 프랑스의 콩도르세(Nicolas de Condorcet, 1743~1794), 루소(Jean Jacques Rousseau, 1766~1836) 등의 학자들은 끊임없이 사회가 발전하여 좋은 세상을 만들어간다는 유토피아를 생각하기도 했다.

맬서스의 예측은 농업기술의 꾸준한 발달 덕분에 지금까지 발현되지 않았다. 새로운 다수확 품종 개발, 병충해 방제 기술의 발달, 화학비료 생산, 제초제 사용, 관수 시스템의 발전 등으로 농업생산량이 극적으로 증가해온 것이다. 그러나 21세기가 되었더라도, 사람들은 맬서스의 인구론을 잊지 않고 있으며, 수시로 논쟁 대상이 되기도 한다.

# 50

## 프루스트의 일정 성분비의 법칙

### - 1799년 / 프랑스

화학시간에 화합물과 혼합물의 차이에 대해 배운다. 물은 산소와 수소가 화학적으로 결합한 화합물이고, 소금은 나트륨과 염소로 이루어진 화합물이다. 반면에 소금물은 물과 소금이 섞인 혼합물이고, 공기는 산소와 질소, 이산화탄소 등으로 구성된 혼합물이다. 즉 혼합물은 두 가지 이상의 물질이 화학반응을 일으키지 않고 단지 섞여만 있는 것을 말한다.

"화합물을 구성하는 성분 원소의 질량비는 항상 일정하다."

예를 들자면, 물($H_2O$)은 수소 2분자(질량비는 11.2%)와 산소 1분자(질량비는 88.8%)가 결합하고 있다. 이러한 결합 비율은 물이 얼음이나 수증기 상태로 있더라도 변함이 없다. 뿐만 아니라 바닷물이든, 지하수이든

프루스트가 일정성분비의 법칙을 발표했을 당시, 그는 프랑스의 최고 화학자 가운데 한 사람이던 베르톨레(Claude Luis Berthollet, 1748~1822)의 반대 때문에 큰 논쟁을 벌여야 했다.

마찬가지이다.

다른 예로, 설탕($C_{12}H_{22}O_{11}$)은 탄소 42.10%, 수소 6.48%, 산소 51.42%의 질량비로 구성되어 있다. 설탕의 이러한 질량 비율은 설탕 원료였던 사탕수수의 품종과 생산지가 다르더라도 마찬가지이다.

모든 화합물은 구성 성분 원소의 비율이 일정하기 때문에, 화학반응을 할 때도 같은 질량비의 원소만 반응을 일으킨다. 예를 든다면, 수소와 산소를 화합시켜 물을 만들 때, 수소를 더 많이 넣어준다고 해서 수소 성분이 많은 특별한 물이 생겨나지는 않는다.

화합물이 이처럼 일정한 성분비로 이루어져 있다는 사실을 1799년에 처음 발표한 과학자는 프랑스의 화학자 프루스트(Joseph-Louis Proust, 1754~1826)였다. 프루스트 이전까지만 해도 모든 화합물의 성분 원소의 질량 비율은 상황에 따라 다를 수 있다고 생각하고 있었다. 프루스트의 '일정 성분비의 법칙'(Proust's Law of Constant Composition)은 뒷날 발표된 돌턴(54항 참조)의 원자설을 뒷받침하게 만들었다.

# 51

## 기체에 대한 '돌턴의 부분 압력의 일정 성분비'

-1801년 / 영국

고무풍선 속에 공기를 집어넣으면, 기체의 압력 때문에 풍선은 팽팽하게 부풀어 오른다. 만일 팽팽한 풍선을 냉장고에 넣어둔다면 풍선의 크기는 작아진다. 그렇다고 풍선 안에 든 기체의 질량이 줄어든 것은 아니다. 다만 풍선 속 기체 분자들의 운동 속도가 줄어들어 압력이 낮아졌을 뿐이다. 증기기관이나 보일러의 수증기가 갖는 높은 압력은 고온이기 때문에 나오는 것이다.

영국의 돌턴(John Dalton, 1766~1844)은 시골에서 태어난 아마추어 과학자였다. 특히 그는 기상현상에 대해 매우 관심이 많았다. 그는 죽기 전까지 57여 년 동안에 기상관측을 약 20,000번이나 하여 그 기록을 남기고 있었다. 돌턴은 기상에 대해 연구하는 동안 기체에 대해 많은 지식을 갖게 되었다.

공기는 질소와 산소, 이산화탄소, 수소 등 여러 종류의 기체가 혼합된 것이다. 온도가 동일한 조건에서, 기체들은 종류에 따라 각기 다른 압력을 갖는다. 돌턴은 그의 이름을 따서 '돌턴의 부분 압력의 법칙'(Dalton's Law of Partial Pressures)이라 불리는 기체의 성질에 대한 중요한 발견을 했다.

"혼합된 기체의 전체 압력은 각 성분의 기체가 독자적으로 있을 때의 압력인 부분 압력의 합과 같다."

돌턴은 20대 중반에 맨체스터에서 교사가 되었고, 이후 일생동안 과학 연구를 했다. 색맹이었던 그는 색맹에 대해 깊이 연구한 최초의 사람이기도 하다. 그래서 흔히 색맹을 돌터니즘(Daltonism)이라 부르기도 한다.

영국의 화학자이자 기상학자였던 돌턴은 기체의 부분 압력의 법칙 외에 현대의 원자설(54항 참고)을 개척한 물리학자로도 유명하다.

# 52

## 빛의 성질에 대한 영의 '간섭의 원리'

### - 1801년 / 영국

    수면에 물방울이 떨어지면 동심원으로 수면파가 발생한다. 2개의 돌을 동시에 수면에 떨어뜨리면, 이웃한 동심원 수면파가 서로 만나 간섭을 하여, 파가 더 커지거나 없어지는 변화된 파가 생겨난다. 소리는 음파(音波)라는 파이고, 빛은 광파(光波)라는 파이다. 그러므로 광파(빛)도 만나면 서로 간섭을 하게 된다.

    뉴턴은 17세기 말에 빛을 '작은 입자의 흐름'이라 생각했고, 호이겐스는 파동이라고 주장했다. 특히 호이겐스가 1690년에 발표한 "파면상의 모든 지점은 새로운 파원(波源)으로 작용한다."는 호이겐스의 원리(34항 참조)는 19세기가 시작되기까지 100여 년 동안 무시되고 있었다. 그러나 영국의 물리학자 토머스 영(Thomas Young, 1773~1829)

영은 '서로 색이 다른 빛은 파장의 차이 때문'이라고 주장했다. 영의 간섭의 원리는 뉴턴의 빛 이론을 발전시킨 계기가 되었으며, 훗날 아인슈타인과 막스 플랑크의 이론에도 영향을 주었다.

이 빛의 간섭 현상을 발견하고, 1801년에 빛의 '간섭의 원리'(Principle of Interference)를 발표하면서, 호이겐스의 원리는 드디어 완전하게 증명될 수 있었다.

"파가 서로 만나 간섭하면, 파는 커지기도 하고 없어지기도 한다."

영은 이 원리를 증명하는 매우 간단한 실험(오늘날 교실에서 하는 '2중 슬릿 실험')을 했다. 그는 캄캄한 방에 바늘구멍으로 햇빛이 가느다랗게 들어오게 했다. 이 햇빛을 좁다란 틈 2개가 나란히 있는 카드를 통해 통과시키자, 그 빛은 뒤쪽에 설치한 흰 종이 위에 여러 개의 밝고 어두운 줄무늬를 만들었다. 이러한 줄무늬는 빛(파)의 파가 서로 영향(간섭)을 주어 생긴 것이며, 물리학에서는 이를 간섭무늬(interference fringe)라 부른다.

영은 빛의 간섭 현상을 수학적으로 설명하지는 못했다. 그러나

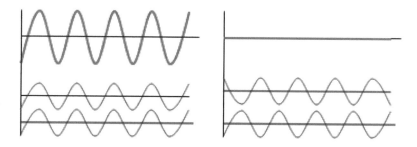

파장이 같은 두 파가 나란히 만나면 진폭이 큰 파가 되고(왼쪽), 반대로 만나면 파가 소멸되는(오른쪽) 현상(간섭현상)이 일어난다.

그 일은 훗날 프랑스의 물리학자 오기스텐 프레넬(Augustin Fresnel, 1788~1827)이 완성했다. 더 나아가 영의 이론은 아인슈타인으로 하여금 빛이 입자(오늘날 부르는 광자)의 성질이 있음을 밝히도록 했다. 오늘날에는 빛을 '광자 이론'(106항 참조)으로 설명하고 있다. '빛은 파의 길을 따라 광자로 운반되는 전자기 복사(electromagnetic radiation)'라 설명하고 있다. 빛의 이러한 두 가지 성질을 '파동 입자 이중성'이라 한다.

# 53

## 하워드의 '구름 모양' 분류
### - 1802년 / 영국

구름처럼 그 형태가 다양하고 잘 변하는 것은 없다. 그래서 예부터 시인들은 변화무쌍(變化無雙)한 것을 '구름 같다'라고 표현했으며, 그 모양을 두고 흰 구름, 뭉게구름, 새털구름, 소낙비구름, 비행기구름 등 다양하게 표현했다. 그러나 기상학이 발전하면서 구름의 형태가 과학적으로 분류되기 시작했다. 구름은 발생한 높이에 따라 모양에 차이가 있다. 또한 발생한 구름을 보면 대략이지만 기상변화를 예측할 수 있다.

구름의 형태에 따라 뭉게구름이라 부르는 것은 적운에 속하고, 높은 하늘에 생긴 새털구름은 권운에 해당한다.

영국의 아마추어 기상학자인 루크 하워드(Luke Howard, 1772~1864)는 1802년 런던의 과학자 클럽인 아스케시안 협회(Askesian Society)에서 '모든 구름은 3가지 기본 형태로 나눌 수 있다'고 처음으로 구름에 대한 과학적인 분류 방법을 발표했다. 이때 그는 구름을 권운(卷雲, cirrus), 적운(積雲, cumulus), 층운(層雲, stratus) 3가지 기본 형태로 나누고, 그 중간 혼합형으로 권적운(cirrocumulus), 권층운(cirrostratus), 적층운(cumulostratus), 그리고 적권층운(cumulocirrostratus)으로 나누었다.

권운의 영어인 cirrus는 털 모양(hair-like)이란 의미를 가졌으며, 적운의 cumulus는 깃털(puffs), 층운의 stratus는 층(layer)을 뜻한다. 당시의 과학자들은 하워드의 발표를 높은 과학적 업적으로 인정하고 그의 제안을 받아들였다.

세계의 기상학자들은 1896년부터 구름이 형성된 위치에 따라 10가지 구름으로 재분류하면서, 하워드가 제정한 용어는 그대로 사용했다. 1995년에 만든 구름 분류표는 다음의 도표처럼 명칭을 정하고 있다.

| 고층 구름<br>(지상 9km 이상) | 중층 구름(2~9km) | 저층 구름(2km 이하) | 고층에서 하층까지<br>뻗은 구름 |
|---|---|---|---|
| 1. 권운 | 4. 고적운 | 7. 층적운 | 10. 적란운 |
| 2. 권적운 | 5. 고층운 | 8. 층운 | |
| 3. 권층운 | 6. 난층운 | 9. 적운 | |

# 54

## '돌턴의 원자설'과 '배수비례의 법칙'

### – 1808년, 1803년 / 영국

오늘날 사람들은 모든 물질이 원자로 이루어져 있다는 것을 알고 있다. 그러나 영국의 화학자 존 돌턴(John Dalton, 1766~1844)이 1808년에 '원자설'(Dalton's Atomic Theory)을 주장하기 전까지는 물질을 이루는 최소의 단위가 원자임을 알지 못하고 있었다.

"모든 물질은 원자로 구성되어 있으며, 원자는 창조될 수도 없고 파괴되거나 분리될 수도 없다. 한 원소의 원자는 다른 원소의 원자와 다르다. 모든 화학반응은 원자들이 결합하거나 분리되는 결과로 일어난다."

돌턴이 이러한 혁명적인 원자론을 발표하자, 데모크리토스의 원자론(3항 참조)을 아직도 지지하고 있던 당시의 많은 과학자들은 그의 이론을 비웃기까지 했다. 영국의 유명한 화학자 험프리 데이비(Humphry Davy, 1778~1829)는 원자론을 어리석은 주장이라 했고, 프랑스의 화학자 클로드 베르톨레(Claude Berthollet, 1748~1822) 역시 회의적이었다. 그러나 몇 해가 지나자 과학자들은 모두 원자론을 지지하게 되었다.

돌턴의 원자론은 화학 발전의 큰 주춧돌이 되었다. 돌턴은 온갖 화학실험을 하였으며, 다른 중요한 화학이론도 주장하고 있었다.

돌턴은 원자설을 발표하기 이전인 1803년에 "화학결합에 참여하는 원소들은 일정한 정수비를 나타낸다."는 '배수비례의 법칙'을 발견했다.

"많은 물질들은 두 가지 이상의 원소로 구성되어 있다. A와 B 두 원소를 결합시킨다면 한 종류 이상의 화합물이 생겨날 수 있다. A의 질량을 일정하게 하고, B의 질량을 다르게 하여 화합물을 만든다면, A와 B의 질량은 단순한 정수비를 갖는다."

예를 든다면, 질소(N)와 산소(O) 두 가지 원소가 결합한 화합물에는 $N_2O$, $NO$, $N_2O_3$, $NO_2$, $N_2O_5$ 등이 있다. 질소 14그램의 질량과 결합한 각 화합물의 산소 질량은 8, 16, 24, 32, 40그램이므로, 이때 산소의 질량은 1 : 2 : 3 : 4 : 5의 정수비율을 나타낸다. 돌턴이 1803년에 제창한 이 법칙은 오늘날 '배수비례의 법칙'(Law of Multiple Proportion)으로 알려져 있다.

(* 데모크리토스의 원자설은 3항 참조. * 돌턴의 부분 압력의 법칙은 51항 참조)

# 55

## 게이뤼삭의 기체반응의 법칙

### - 1808년 / 프랑스

프랑스의 화학자이며 물리학자인 조셉 루이 게이뤼삭(Joseph Louis Gay-Lussac, 1778~1850)은 기체의 성질에 대한 두 가지 법칙을 발견한 과학자로 유명하다. 첫 번째는 1802년에 발견한 '기체팽창의 법칙'(Pressure-Temperature Law)이고, 두 번째는 1808년에 발표한 '기체반응의 법칙'(Law of Combining Volumes)이다. 게이뤼삭은 위대한 실험 과학자로서 엄청난 양의 실험을 하는 동안 자연의 법칙을 발견할 수 있었다.

게이뤼삭은 이처럼 훌륭한 기체의 법칙을 발견했지만, 화학반응에서 왜 이런 현상이 나타나는지 그 이유는 밝히지 못했다. 그러나 기체반응의 법칙 원인은 1811년에 아보가드로(57항 참조)가 밝혔다.

게이뤼삭은 1802년에 '기체의 부피는 온도에 비례하여 팽창한다'는 기체 팽창의 법칙을 발견했다. 그러나 그의 이 법칙은 1780년경에 프랑스의 과학자 자크 샤를(Jacques Charles, 1746~1823)이 먼저 발견한 사실이 뒤에 알려져, 발견자의 영예는 샤를에게 돌아갔다(45항 참조).

"기체가 화학반응을 하여 다른 기체로 될 때, 각 기체의 부피는(같은 온도와 기압 조건에서) 간단한 정수비를 나타낸다."

게이뤼삭이 발견한 이 두 번째 '기체반응의 법칙'은 많은 화학실험을 하면서 알게 되었다. 예를 들어 질소 1 부피와 수소 3 부피를 결합시키면 2 부피의 암모니아가 생겨난다. 이 화학반응에서는 1:3:2의 간단한 정수비를 확인할 수 있다.

게이뤼삭과 관계되는 과학 역사의 일화가 있다. 게이뤼삭은 1805년에 독일의 유명한 탐험가인 알렉산더 훔볼트(Alexander von Humboldt, 1769~1859)와 함께 수소와 산소를 화합시켜 물을 만들 때의 부피 비율을 조사하고 있었다. 이 실험을 하려면 특별히 얇게 만든 유리관이 필요했다. 이 유리관은 독일에서 수입해야만 했는데, 당시 프랑스 세관에서는 유리관 수입품에 매우 높은 세금을 징수했다.

게이뤼삭과 훔볼트는 관세를 줄이기 위해 흥미로운 생각을 해냈다. 그들은 독일의 유리세공사에게 특별한 부탁을 했다. "유리관의 목을 길게 만들어 끝을 봉(封)하고, 수입물 목록에 '독일산 공기. 취급주의!'라고 써주세요." 유리관이 프랑스 세관에 도착했을 때, 세관원들은 독일산 공기를 찾을 수 없었다. 그 유리관은 그대로 통과되고 말았다. 훔볼트의 재치가 화학의 법칙을 발견하는데 일조(一助)한 것이다.

# 56

# 라마르크의 '용불용설'

## - 1809년 / 프랑스

과학의 역사에서는 때때로 잘못된 이론이 전해오기도 한다. 그중에 프랑스의 과학자이며 군인이기도 한 라마르크(Jean-Baptiste Lamarck, 1744~1829)가 발표한 진화에 대한 잘못된 학설이 있다. 그는 1809년에 저술한 책 『*Philosophie Zoologique*』에 "한 세대 동안에 이루어진 형질은 계속해서 후대에 유전될 수 있다."고 발표했다. 이 말은 '획득형질(獲得形質)이 누적되면 후대에 그 형질이 유전될 수 있다'는 주장이다.

라마르크의 이론은 기린의 목이 길어진 이유를 이렇게 설명한다. "기린의 조상은 원래 목이 길지 않았다. 그러나 높은 나무의 잎을 따먹기 위해 자꾸만 목을 뻗으려고 했고, 그런 노력 끝에 목이 조금 길어졌다. 이런 상황이 여러 세대 계속되면서 기린의 목은 차츰 길어져 지금처럼 되었다."

그는 글과 그림으로 기린의 목만 아니라, 황새의 다리가 길어진 이유, 개미핥기의 긴 혀 등에 대해서도 이론을 펼쳤다. 즉 생물의 몸은 사용하면 점점 발달하고 사용치 않으면 퇴화한다는 용불용설(用不用說)을 주장한 것이다.

만일 그의 이론이 옳다면, 키를 더 크게 하려고 애를 쓰는 가족은 훗날 모두 엄청난 장신이 될 수 있을 것이며, 달리기를 잘 하려고 노력하는 가계(家系)는 몇 세대 후에 10m를 8초에 달릴 수 있게 된다고 할 수 있다.

라마르크의 이러한 이론은 자연선택설을 주장한 다윈의 진화론(85항 참조)과 멘델(88항 참조)의 유전 법칙이 알려지면서 사라지게 되었다. 그의 책이 발간된 해에 찰스 다윈이 탄생했다.

라마르크는 원래 군인이었으나 전쟁터에 나가 부상을 입자, 은퇴하여 식물학에 관심이 많은 과학자가 되었다. 그는 1779년에 프랑스 과학아카데미 회원으로 선출되었다.

# 57

## 아보가드로의 법칙

### - 1811년 / 이탈리아

화학을 공부하기 시작하면 원자, 분자, 기체의 성질 등을 배우게 되고, 곧 '아보가드로의 법칙'과 '아보가드로 수'라는 것을 이해해야 하게 된다.

이탈리아의 과학자 아메데오 아보가드로(Amedeo Avogadro, 1776~1856)는 교회법에 대한 공부를 하여 법학박사 학위를 가졌으나, 자연과학을 독학하여 일생 수학과 물리학을 연구하는 토리노 대학의 교수가 되었다.

아보가드로가 살던 당시의 과학자들은 원자라든가 분자에 대해 잘 알지 못하고 있었다. 그는 게이뤼삭의 기체반응의 법칙(55항 참조)을 알게 된 후, '질소의 입자(지금은 분자)는 2개의 원자로 구성($N2$)되어 있고, 이와 마찬가지로 수소 분자도 2개의 원자로 구성되어 있을 것'이라고 주장했다. 그래서 그는 '1분자(게이뤼삭이 말한 부피)의 질소가 3분자(부피)의 수소와 결합하여 두 분자(부피)의 암모니아($NH3$)가 된 것'이라고 생각했다.

1811년에 그는 오늘날 '아보가드로의 법칙'(Avogadro's Law)으로 알려진 중요한 기체의 성질에 대한 법칙을 발표했다.

"온도와 압력이 같은 조건이라면, 같은 부피 속에 담긴 모든 기체의 분자의 수는 같다."

예를 든다면 1리터 부피의 병 속에 수소, 산소, 질소, 이산화탄소, 암
모니아 등 모든 기체가 각각 들어 있다면, 온도와 압력이 같을 경우, 각 병
에 담긴 각 기체의 분자 수는 같다는 것이다.

이러한 아보가드로의 주장은 인정받지 못하고 있었으나, 그가 죽
은 50년 뒤, 이탈리아의 화학자 스타니슬라오 칸니차로(Stanislao
Cannizzaro, 1826~1910)가 원자와 분자를 구분하여 설명하면서 재평가
받게 되었다.

### 🔍 아보가드로수란?

오늘날 화학에서 사용하는 '아보가드로수'는 화학이 더욱 발달하여 정밀한 실
험을 할 수 있게 되면서, 화학반응에 참여하는 원자의 양에 대한 국제단위로 사용
하는 상수가 되었다. 이와 연관된 법칙을 발견한 아보가드로의 명예를 높여 그 상
수에 이름을 붙인 것이다.

가장 가벼운 원소인 수소 원자의 상대(相對) 질량은 1이다. 수소 1g에 들어 있는
원자의 질량을 1몰(mol 또는 mole)이라 부른다. 탄소의 질량은 12이므로 탄소 1몰은
12g이고, 산소 1몰은 16g, 납은 207g이다. 이산화탄소($CO_2$) 1몰은 12+16×2 = 44g
이다.

놀랍게도 각 물질 1몰에 포함된 원자의 수는 모두 각기 $6.02×10^{23}$개이다. 이것을
화학에서 '아보가드로수'라고 말하며, mol이나 mole은 molecule에서 따온 용어

이다. 아보가드로수는 '아보가드로 상수'라고도 부르며, 정확한 숫자는 실험에 따라 약간의 오차가 발생한다. 2006년 현재 $6.02214179\cdots\times10^{23}$을 아보가드로 상수로 사용하고 있다.

# 58

## 외르스테드의 전자기 이론

### - 1820년 / 덴마크

덴마크의 코펜하겐 대학 물리학 교수이던 한스 크리스티안 외르스테드(Hans Christian Oersted, 1777~1851)는 오래 전부터 자석의 자력과 전류 사이에 밀접한 관계가 있다고 생각하고 있었다. 1820년 4월 21일, 강의 시간에 그는 학생들 앞에서 전류가 흐르는 전선 옆에 자침(磁針 compass needle)을 전선과 나란하게 배치하자, 북쪽을 향하던 자침이 수직으로 방향을 바꾸는 현상을 보았다. 이어 전류를 끊자, 자침은 본래의 방향으로 돌아갔다.

외르스테드의 발견은 암페어(Ampere 62항 참조)의 연구로 이어졌다. 물리학에서 자기장의 세기를 나타낼 때 '외르스테드'라는 단위를 사용한다. 이것은 그의 업적과 명예를 기리는 것이다.

이 현상은 전류가 자침을 움직이는 자력을 발생한다는 것을 증명했다.

"전류(전기장)는 자력(자력장)을 만든다."

전기와 자기 사이에 연관이 있다는 사실을 발견한 일은 당시로서는 획기적인 사건이었다. 전류가 자력을 만들고, 자력이 전기를 생산한다는 발견은 이후 전자기학(電磁氣學 electromagnetism)을 탄생시켜, 오늘날과 같은 눈부신 전자기 시대가 오도록 하는 계기를 마련한 것이다.

자기장과 전기장은 서로 연관되어 전환될 수 있으므로, 앨버트 아인슈타인은 1905년에 유명한 '특수 상대성 이론'을 발표하게 되었다. 자력과 전기력은 상대적으로 작용하기 때문에, 이 둘을 전자기학(elecrtomagnetism)으로 통일시키도록 한 것이다.

# 59

## 올베르스의 역설

### – 1823년 / 독일

독일의 아마추어 천문학자인 올베르스(Heinrich Wilhelm Olbers, 1758~1840)는 1823년에 이러한 질문을 했다. "밤하늘은 왜 캄캄한가? 우주 공간은 무한히 많은 별들이 산재하여 빛을 내고 있으므로, 밤하늘도 태양 표면처럼 밝아야 하지 않을까?"

이 의문을 사람들은 '올베르스의 역설'(Olbers' Paradox)이라 부른다. 당시 올베르스는 이 의문에 대한 대답을 이렇게 했다. "우주 공간에는 성간 물질이 있어 이들이 빛을 흡수하기 때문일 것이다." 그러나 그의 생각도 정답이 아니었다. 과학자들은 이 의문에 대해 오래도록 논쟁을 벌여 왔다.

올베르스의 역설에 대한 대답은, 1927년에 벨기에의 과학자 조르주 르

올베르스는 우주 공간은 무수한 별들이 흩어져 빛을 내고 있으므로, 밤하늘도 태양 표면처럼 밝아야 한다는 의문에 대한 이론적인 답을 처음 발표했다. 올베르스의 역설은 지금도 물리학과 천문학에서 논쟁이 되고 있다.

메트르(Georges Lemaitre, 1894~1966)가 1927년에 '빅뱅 이론'(Big Bang theory, 141항 참조)을 발표하고, 1929년에 에드윈 포웰 허블(Edwin Powell Hubble, 1889~1953)이 '우주 팽창설'(127항 참조)을 내놓으면서 중요한 단서를 찾게 되었다.

빅뱅설에 따르면(최근 이론), 우주는 약 137억 년 전에 탄생했다. 우주가 막 시작된 초기에는 별의 수가 적고 훨씬 뜨거웠으며, 고열의 수소 플라스마가 불투명한 안개처럼 빛[전자기 복사(電磁氣 輻射)]을 내고 있었다. 현재 우주의 많은 별들은 거의 광속으로 팽창하면서 우리(관측자)로부터 멀어져간다. 멀어져 가는 물체에서 오는 빛은 '도플러 효과'(73항 참조)에 의해 '적색 이동'(赤色 移動, redshift)이 일어나므로, 스펙트럼의 끝에 있는 적색 파장의 빛만 보이게 되었다. 이런 적색 빛은 에너지가 적기 때문에 눈에 잘 보이지 않는다.

미국의 유명한 추리소설가인 에드거 앨런 포(Adgar Allen Poe, 1809~1849)는 1848년에 올베르스의 역설에 대한 훌륭한 대답을 그의 작품 『유레카』(Eureka)에 발표했다. "우리가 보고 있는 별빛은 그 별의 거리(10광년이든, 수십억 광년이든)만큼 이전에 나온 빛을 보는 것이다. 즉 우리는 별의 거리에 해당하는 과거를 보고 있는 것이다. 우주의 무수한 별들 중에 일정 거리 이상 떨어진 별의 빛은 아직 지구까지 당도하지 않았다."

빅뱅 이론과 우주 팽창설 외에, 우주 공간의 많은 먼지와 가스들이 별빛을 흡수하는 것도 원인일 수 있다는 주장도 있다(허블의 법칙 127항 참조).

# 열기관에 대한 '카르노 이론'

### - 1824년 / 프랑스

자동차, 비행기, 로켓 등의 엔진[기관(機關)]은 모두 뜨거운 열의 힘으로 운동(일)을 하는 장치이므로, 흔히 열기관(heat engine)이라 부른다. 즉 열 기관은 연료를 태워 생기는 열을 동력으로 변환시키는 장치이다. 열기관 을 잘 설계하여 만들면 소비하는 연료의 양에 비해 더 많은 힘(일)을 낼 수 있다. 열기관의 일하는 효율을 '열효율'이라 한다.

사람의 몸도 영양분(연료)을 연소시켜 그 힘으로 달리거나 일하므로 열 기관의 하나이다. 열과 힘 사이의 관계를 연구하는 물리학 분야를 열역학 (熱力學, thermodynamics)이라 부른다. 소량의 연료로 더 멀리 갈 수 있는 자동차를 개발하는 사람은 열역학의 전문가들일 것이다.

프랑스의 물리학자이며, 군사용 엔진 기술자인 니콜라 레오나르 사 디 카르노(Nicolas Leonard Sadi Carnot, 1796~1832)는 24세 때부터 증기 기관의 열효율을 연구하기 시작하여 4년 후인 1824년에 『*Reflections on the Motive Power of Fire*』라는 책을 내면서, 그 속에 자신이 발견한 열역 학 이론(Carnot Theorem)을 발표했다. 이때의 업적으로 카르노는 '열역학 의 아버지'라든가, '열역학 제2법칙의 발견자'(열역학 제2법칙은 81항 참조)

카르노는 이론을 발표할 때, 열기관의 효율에 대한 수학적 계산도 매우 정밀하게 기록하고 있었다. 그의 업적이 얼마나 훌륭했는지는 줄(Joule)의 연구가 발표된 1878년 이후에야 과학자들이 알게 되었다(77항, 86항 참조).

라 불리고 있다.

　자동차의 엔진을 생각해보자. 연료가 타서 뜨거워져야 일(운동)하는 힘이 생기고, 운동을 하고 나면 열은 다시 내려가 있다. 카르노는 고온에서 저온으로 열이 내려갈 때 운동을 한다는 것에 주목했다. 이것은 마치 높은 곳의 물이 낮은 곳으로 떨어지면서 수차(물레바퀴)를 돌리는 것과 마찬가지이다. 물이 떨어지는 높이가 높을수록 수차는 더 큰 힘으로 돌아간다. 마찬가지로 열기관도 열이 높을수록 큰 힘을 낸다. 이러한 관계를 연구하던 카르노는 '카르노 효율', '카르노 사이클', 또는 '카르노 이론' 등으로 알려진 열역학 연구의 시초가 되는 중요한 발견을 했다.

"열기관이 일하는 효율은 열기관이 내는 온도의 범위에 따라 결정된다."

　카르노가 연구에 사용한 열기관은 증기로 움직이는 피스톤 엔진이었다. 증기 피스톤 엔진은 영국의 토머스 뉴커먼(Thomas Newcomen, 1664~1729)이 1712년에 발명했다. 뉴커먼은 제임스 와트(James Watt, 1736~1819)보다 먼저 스팀엔진을 만들었다. 그래서 뉴커먼은 산업혁명의 선구자로 불리기도 한다.

# 61

## 분자의 움직임 '브라운 운동'
### – 1827년 / 스코틀랜드

모든 분자가 운동하고 있다는 사실은 중학교 과학시간에 배운다. 그러나 원자라든가 분자에 대한 개념조차 없던 과거에 분자의 운동을 상상하기란 불가능한 일이다.

스코틀랜드의 식물학자인 로버트 브라운(Robert Brown, 1773~1858)은 현미경을 사용하여 온갖 식물의 세포와 조직, 꽃가루받이 현상 등을 연구했다. 그는 영국에서 약 4,000종의 식물을 분류하기도 했으며, 식물의 세포 속에 포함되어 있는 내용물을 조사했다.

어느 더운 날, 브라운은 현미경 아래에서 물 위에 떠 있는 미세한 꽃가루를 관찰하고 있었다. 그는 수면은 흔들리지 않고 있는데, 꽃가루들이 매우 불규칙하게 움직이는 것을 발견했다. 그는 꽃가루가 아닌 다른 먼지들도 그런가 하고 조사했더니,

식물의 세포는 로버트 훅(27항 참고)이 처음으로 발견했지만, 세포의 중심에 있는 '핵'은 로버트 브라운이 처음 발견하고 'nucleus'라는 이름을 붙였다. nucleus는 라틴어로 '작은 호두'라는 의미이다.

144

마찬가지로 움직이고 있었다. 브라운은 "액체 위에 뜬 작은 고체 입자는 쉬지 않고 불규칙하게 운동한다."는 '브라운 운동' 현상을 발견했으나, 그들이 왜 움직이고 있는지는 설명할 수 없었다.

훗날 알려진 꽃가루가 운동하는 이유는, 물의 분자들이 불규칙하게 운동하기 때문에 가벼운 꽃가루들이 덩달아 서로 충돌한 결과이다. 아인슈타인은 1905년, 브라운 운동을 수학적으로 연구하여, 원자나 분자의 크기를 계산하는 방법으로 이용했다.

# 62

## 앙페르의 회로 법칙

### - 1827년 / 프랑스

전류의 세기를 나타내는 국제단위(SI)로 '암페어'(Ampere; A)를 사용하는데, 이는 전자기학의 창시자 가운데 한 사람인 프랑스의 물리학자 앙드레 마리 앙페르(Andre-Marie Ampere, 1775~1836)의 이름에서 따온 것이다.

전류가 흐르는 도선 주위에 나침반을 가져가면 나침반 바늘이 움직이는(전류가 자기를 만드는) 외르스테드의 발견(58항 참조)을 알게 된 앙페르는, 자신도 전류와 자력에 대한 많은 실험을 하여, 1826년에 '앙페르의 회로 법칙'(Ampere's Circuital Law)을 발견하여 수식으로 나타냈다. 전자기의 성질에 대한 그의 발견은 고전 전자기학의 기초가 되었다.

앙페르의 회로 법칙이 나온 이후, 옴의 법칙(63항 참조), 가우스의 법칙(67항 참조), 패러데이의 법칙(65항), 맥스웰과 앙페르의 방정식(87항 참조) 등 전자기학과 관련된 수많은 발견이 이어졌다.

"같은 방향으로 흐르는 두 전선의 전류는 서로 끌어당기고, 방향이 반대이면 서로

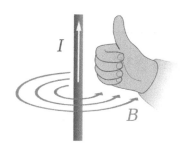

앙페르의 법칙을 설명한다. 그림에서 I 는 전류의 방향이고, B는 원형의 전선에 생기는 자계의 방향이다.

민다. 당기고 미는 힘은 전류의 세기에 비례하고, 거리의 제곱에 반비례한다."

쇠막대 둘레에 전선을 같은 방향으로 빙빙 감아두고 전류를 흘리면, 쇠막대는 전자석이 된다. 이때 쇠막대 둘레에 감는 전선의 수가 많으면 많을수록, 그리고 전류의 세기가 강할수록 전자석의 힘은 강해진다. 즉 자기장은 전류의 세기와 감은 회수에 비례한다.

직선으로 놓인 전선으로 흐르는 전류는 '직선 전류'라 하고, 동그랗게 (loop) 감긴 전선의 전류는 '원형 전류'라 부른다. 과학시간에 '암페어의 오른손 법칙'을 배운다. 이 법칙은, 오른손 엄지의 방향을 전류가 흐르는 방향으로 했을 때, 나머지 손가락의 방향이 자계의 방향이 된다.

# 63

## 전류의 기본 성질 '옴의 법칙'

### - 1827년 / 독일

물을 펌프질하여 수도관 속으로 흘려보낼 때, 수압이 강할수록 물은 잘 흐른다. 그러나 수도관이 좁거나 길면 흐름에 저항을 받아 물은 약하게 흐르게 된다. 전선 속으로 흐르는 전류도 마찬가지이다. 전선이 가늘거나, 길거나, 전류의 흐름을 방해하는 물질이 전선에 포함되어 있으면, 전류의 흐름은 방해를 받아(저항이 커져) 세기가 약해진다.

독일의 물리학자인 게오르그 시몬 옴 (Georg Simon Ohm, 1789~1854)은 전류의 세기와 전압 및 저항과의 관계를 나타내는 기본적인 법칙인 옴의 법칙(Ohm's Law)을 1827년에 논문으로 발표했다.

"도선 속으로 흐르는 전류는 전위차(전압)에 비례한다."

전류의 세기(I) = 전위차(V) ÷ 저항(R)

전압 = 전류 × 저항 (V = I × R)

옴은 전류와 전압 및 저항 사이의 기본적 관계를 처음으로 정의했다. 그 영예로 전기저항을 수치로 나타낼 때는 옴(ohm)을 사용한다.

위의 옴 법칙에서는 세 사람의 과학자 이름이 단위로 사용된다. 즉 전류의 세기(I)는 '암페어'(ampere)라는 단위를 사용하고, 전위차는 볼타의 이름을 따 '볼테이지'(voltage 또는 volt)라는 단위를(47항 참고), 그리고 저항(resistance)에는 '옴'이라는 단위를 사용한다. 암페어는 프랑스인, 볼타는 이탈리아인, 그리고 옴은 독일인이다.

# 64

## 지구 변화에 대한 라이엘의 '동일 과정설'

### - 1830년 / 스코틀랜드

오늘날의 과학자들은 지구의 역사가 약 46억 년이라는 것을 확신하고 있다. 그러나 19세기 초가 되었을 때만 해도 유럽 사람들은 지구의 나이를 6,000년 정도로 알고 있었다. 그 이유는 성서 〈창세기〉의 기록을 그대로 믿었기 때문이다. 또한 당시 사람들은 높은 산과 계곡이 형성된 이유를 성서 속의 노아의 홍수와 같은 대격변에 의해 생겨난 것이라고

생각했다. 지구는 점진적으로 변해온 것이 아니라 갑작스럽게 격변해 왔으며, 그때마다 과거의 생물은 죽고, 살아남은 것만 새롭게 번식해 왔다는 사상은 프랑스의 이름난 자연과학자이며 동물학자인 조르주 퀴비에(Georges Cuvier, 1769~1832)의 '천변지이설'(天變地異說, catastrophism)에 영향을 받은 것이다.

영국의 법률가이면서 지질학자인 찰스 라이엘(Charles Lyell, 1797~1875)은

퀴비에는 화석을 처음 연구한 과학자로서, 고생물학의 창시자로 불린다. 당시 퀴비에는 나폴레옹이 그를 교육장관으로 임명할 정도로 높은 명예를 가지고 있었다.

1830년부터 1833년 사이에 『지질학 원리』라는 3권의 책을 발간했다. 이 책에서 라이엘은 지구의 나이는 매우 많으며 점진적으로 변해왔다는 '동일과정설'(同一過程設, Theory of Uniformitarianism)을 주장하며, 오래도록 믿어온 대격변설을 부정했다.

당시 라이엘은 그가 태어나던 해에 죽은 스코틀랜드의 지질학자 제임스 허턴(James Hutton, 1726~1797)의 영향을 받아 동일과정설을 주장하게 된 것이었다. 라이엘은 또 한 가지 "현재는 과거를 여는 열쇠이다."라는 유명한 말을 남겼다.

"지구는 매우 긴 세월 동안 지금과 마찬가지 과정으로 끊임없이 지질 변화가 일어났다."

라이엘은 지질학적인 조사를 대규모로 했으며 막대한 조사 기록을 남기고 있다. 그래서 라이엘은 '현대 지질학의 아버지'로 불리고 있다. 진화론을 주장한 다윈은 라이엘의 주장을 가장 먼저 이해한 사람이다. 다윈은 비글호를 타고 출항할 때 라이엘의 책을 배에 싣고 갔다.

# 65

## 패러데이의 전기 유도 법칙
- 1831년 / 영국

전선(도선)에 전류가 흐르면 도선 주변에 자기장이 생겨나는 것은 외르스테드의 이론(58항 참조)이다. 그러면 반대로 도선 주변에서 자기장 변화를 주면 전선에 전류가 흐르게 될까? 영국의 화학자이며 물리학자인 마이클 패러데이(Michael Faraday, 1791~1867)는 자기장으로부터 전기장(전류)을 얻는 실험에 먼저 성공했다.

전류(전기장)로부터 자기장을 얻거나, 자기장으로부터 전기장을 얻는 현상을 '전자기 유도'(electromagnetic induction)라 하고, 전자기 유도에 의해 생긴 전류를 '유도 전류'(induced current)라 한다. 패러데이는 전자기 유도 현상에서 나타나는 법칙('패러데이의 법칙' Faraday's Law of Induction)을 이렇게 표현했다.

패러데이는 전자기학 분야에서 선구적인 업적을 남긴 19세기의 최고 실험과학자이다. 그는 전기 모터, 발전기, 변압기를 발명하고 전기분해 법칙을 발견하기도 했다. 아인슈타인은 자신의 방에 패러데이와 뉴턴 그리고 맥스웰(87항 참고) 세 과학자 사진을 붙여두었다.

"도선 주변에서 자기장을 변화시키면 도선에 전류가 유도된다. 이때 유도되는 전류의 전압은 자기장의 변화 크기에 비례한다."

발전기와 전기 모터는 모두 유도 전류에 의해 동작한다. 러시아의 물리학자 하인리히 렌츠(Heinrich Lenz, 1804~1865)는 패러데이의 법칙을 더욱 추구한 결과, 1833년에 '렌츠의 법칙'을 발표했다(65항 참조). "유도 전류는 코일 속을 지나는 자속(磁束)의 변화를 방해하는 방향으로 생긴다."

# 기체 확산에 대한 그레이엄의 법칙

## – 1831년 / 스코틀랜드

기체는 그 자리에 있지 않고 사방으로 퍼져나간다. 이것을 확산(diffusion 또는 effusion)이라 한다. 병 속에 담긴 향수의 냄새가 온 방으로 퍼지는 것은 기체의 입자가 퍼져나가는 확산 성질 때문이다.

기체는 밀도가 작을수록(수소는 밀도가 가장 작은 물질) 빨리 확산되는 성질을 나타낸다. 스코틀랜드의 화학자이며 물리학자인 토머스 그레이엄(Thomas Graham, 1805~1869)은 기체의 확산 속도를 조사하여, 오늘날 '그레이엄의 법칙'(Graham's Law of Diffusion)으로 알려진 기체의 성질 한 가지를 1831년에 발견했다.

그레이엄은 오늘날 '콜로이드 화학의 아버지'라 불리기도 한다. 콜로이드란 일종의 혼합물이다. 담배 연기는 탄소 입자와 공기 분자가 혼합된 콜로이드의 하나이다.

"일정한 온도와 압력 조건에서 두 기체의 확산 속도 비는 그들의 밀도의 제곱근에 반비례한다."

예를 들면, 수소는 산소보다 4배 빨리 확산된다. 만일 수소(분자량 2)와 산소(분자량 32)의 확산 속도를 비교한다면,

수소의 확산 속도 : 산소의 확산 속도= $\sqrt{32}$ : $\sqrt{2}$ = $\sqrt{16}$ : $\sqrt{1}$ = 4 : 1

그레이엄은 투석(透析, dialysis)의 원리를 처음 발견하기도 했다. 반투성막은 어떤 물질은 통과시키지만 다른 물질은 통과시키지 않는 여과(濾過) 성질을 가졌다. 그레이엄은 소의 방광을 반투성막(투석막)으로 이용하여 오줌 속에서 요소(尿素, urea)만 여과해 내는 데 성공했다. 병원에서는 신장(腎臟)의 질병으로 혈액 중에서 오줌 성분을 잘 걸러내지 못하는 환자에 대해, 투석막을 이용하여 인공적으로 혈액을 정화시키는 방법을 사용한다. 이를 일반적으로 '투석 치료'라 한다.

# 67

## 전기력에 대한 '가우스의 법칙'

### - 1832년 / 독일

유리 막대로 명주 천을 문지르면, 유리 막대의 전자 일부가 명주 천으로 옮겨가 유리막대는 +전기를, 명주 천은 -전기를 갖게 된다. 이럴 때 유리 막대와 명주 천은 전하(電荷, charge)를 가졌다고 말한다. 물체는 종류에 따라 -전하를 갖기도 하고 +전하를 갖기도 한다. 또 물체가 전하를 가진 것을 대전(帶電, electrification)했다고 하고, 대전된 물체는 대전체(帶電體, electrified body)라 부른다.

+전하를 가진 대전체와 -전하를 가진 대전체를 가까이 하면, 마치 자석의 N과 S처럼, 같은 전하는 서로 미는 척력(斥力)이 작용하고, 서로 다른 전하는 당기는 인력(引力)이 작용한다. 이런 현상을 전기력(電氣力)이라 한다.

프랑스의 물리학자 쿨롱(43항 참조)은 "두 전하 사이에 작용하는 전기력은 두 전

'수학의 모차르트'라 불리기도 하는 가우스는 3살도 안 된 1779년에, 그의 아버지가 직원들 급료를 계산해둔 것을 보고, 계산이 틀린 것을 지적했다고 전해진다.

하량의 곱에 비례하고, 두 전하 사이의 거리의 제곱에 반비례한다."는 '가우스의 법칙(Gauss' Law)을 1783년에 증명했다.

역사상 가장 위대한 수학자를 말할 때, 아르키메데스와 뉴턴 그리고 독일의 천재 수학자이며 과학자인 가우스(Johann Carl Friedrich Gauss, 1777~1855)를 드는 사람들이 많다. 그는 "수학은 과학의 여왕이다."라고 말했다. 후대의 수학자들은 "가우스는 수학이 있는 곳이라면 어디에나 살고 있다."고 말하기도 한다. 가우스는 전자기에도 관심을 가져, 1835년에 '가우스의 법칙'을 발견했다.

"어떠한 폐곡면을 통과하여 밖으로 나가는 전기속선(electric flux)의 수(전기장)는 폐곡면 내의 모든 전하량의 합과 동일하다."

복잡한 수식으로 나타내는 가우스의 이 법칙은 발견 후 22년이 지난 1867년에야 발표되었다. 가우스의 법칙은 쿨롱의 법칙(43항 참조)과 유사하다. 가우스의 법칙 중에는 '자석에 대한 가우스의 법칙'도 있고, 중력에 대한 '가우스의 법칙'이 있다.

# 68

## 위산의 소화기능을 밝힌 '뷰먼트의 실험'

### – 1833년 / 미국

미국은 1776년에 13개 주로 독립을 했으나 영국과의 관계가 순탄하지 않았다. 1812년에는 미국이 영국에 선전포고를 하여 1815년까지 승패 없는 전쟁을 벌이기도 했다. 윌리엄 뷰먼트(William Beaumont, 1785~1853)는 이 전쟁에 군의관으로 참전한 의사이다.

1882년 뷰먼트는 사고로 폐와 복부에 총상을 입은 19세의 알렉시스 세인트 마틴(Alexis St Martin)이라는 청년을 치료하게 되었다. 뷰먼트는 그의 상처가 너무 심하여 죽을 것이라고 생각했으나 건강한 마틴은

뷰먼트는 누공을 통한 소화에 대한 연구로 의학 역사상 매우 유명한 의사로 알려지게 되었다. 한편 실험 대상이 되었던 마틴은 결혼도 하고, 4자녀의 아버지가 되었으며 1880년까지 생존했다.

죽지 않고 살아났다. 그러나 마틴의 복부에 뚫린 총상은 위장으로 직접 통하는 구멍을 남긴 상태로 아물어 버렸다. 이런 구멍을 의학 용어로는 누공(漏孔, fistula)이라 한다. 뷰먼트는 금속 조각으로 그 누공을 막아주었다.

마틴은 그런 상태로 뷰먼트가 개업한 병원에서 1825년부터 잡역부로 근무하게 되었다. 이때부터 뷰먼트는 마틴의 양해를 얻어 그를 '걸어 다니는 소화기관 실험실'로 이용하게 되었다. 뷰먼트는 각종 음식 조각을 명주실에 묶은 후, 그것을 누공 속으로 밀어 넣고, 일정 시간 후 그 음식이 어떻게 소화되었는지 끄집어내어 조사를 했다. 또한 마틴의 위장에서 소화액을 뽑아내 검사하는 실험도 했으며, 감정에 따라 소화 기능이 어떻게 달라지는지에 대해서도 연구했다. 뷰먼트는 이런 식으로 8년 동안 여러 가지 위장 기능을 조사했고, 그 결과들을 논문으로 발표했다.

"소화액은 화학물질로 이루어져 있으며, 그중 가장 중요한 것은 염산이다. 소화란 화학변화의 과정이다."

뷰먼트는 마틴의 누공을 이용하여 했던 모든 실험 결과를 종합하여 1833년에 『소화액에 대한 실험 관찰과 소화의 생리』라는 훌륭한 책을 펴냈다.

# 패러데이의 '전기분해 법칙'

### - 1834년 / 영국

영국의 물리학자이며 화학자인 마이클 패러데이(Michael Faraday, 1791~1896)는 직류가 흐르는 도선 주변에 생기는 자기장에 대한 선구적인 연구로 전자기학 발전에 많은 업적을 남겼다. 그는 전자기 유도에 의한 기전력의 크기에 대한 '패러데이의 법칙'(65항 참조)을 발견하여 발전기와 전동기(모터), 변압기 등을 발명하도록 했다. 나아가 그는 전기적인 방법으로 물질을 분해하는 '전기분해의 법칙'(Faraday's Law of Electrolysis)을 발견하여, 오늘날의 '전기도금 산업'을 일으키도록 했다.

패러데이는 벤젠을 발견하는 등 화학 분야에서도 많은 업적을 남겼다. 그는 '양극'(anode), '음극'(cathode), '전극'(electrode), '전해질'(electrolyte)이라든가 '이온'(ion : 방황하는 사람이라는 의미) 등의 용어를 만들기도 했다.

**제1법칙** — 전기분해로 생산되는 물질의 양은 전극에 흐른 전류의 양에 비례한다.

**제2법칙** — 전기분해로 생산되는 물질의 양은 그들의 당량(當量 equivalent weight)에 비례한다. [*당량이라는 말을 오늘날에는 몰(mole) 로 나타낸다.]

패러데이는 놀라운 실험가였다. 그의 노트에는 42년 동안 16,041회 나 실험한 내용이 치밀하게 기록되어 있다. 전기용량을 나타낼 때 사용하 는 패럿(fard, F)이라는 단위는 패러데이의 영예를 나타낸다.

# 7◆

## 코리올리의 효과
### - 1835년 / 프랑스

지구는 자전하고 있기 때문에 지구상에 있는 모든 것은 지구와 함께 운동하는 관성을 가지고 있다. 지구의 자전 속도는 적도에서는 빠르고 극 쪽으로 갈수록 느리다. 지구 적도상의 한 지점에서 북극 방향으로 경선(經線)을 따라 장거리 포탄을 발사한다면, 포탄은 직선으로 가지만 포탄이 떨어진 장소(표적)는 관성의 영향으로 경선의 약간 오른쪽이 된다. 반대로 북극점에서 적도를 향해 경선을 따라 장거리 대포를 발사한다면, 그 포알은 표적보다 약간 왼쪽으로 편향(偏向)하여 떨어진다.

대기 중의 공기는 고기압에서 저기압 쪽으로 이동한다. 태평양에서 발생하여 북쪽으로 이동하고 있는 폭풍의 구름 사진을 보면, 저기압의 중심인 태풍의 눈을 향해 구름은 시계 반대 방향으로 돌고 있다. 반대로 남반구에서는 그 방향이 반대이다. 이처럼 태풍의 구름이 돌게 되는 것은 지구가 자전할 때 나타나는 원심력 때문에 생기는 현상이다.

이런 기상현상을 수학적으로 풀이하여 논문으로 처음 발표한(1835년) 과학자는 프랑스의 가스파르-귀스타브 드 코리올리(Gaspard-Gustave de Coriolis, 1792~1843)이다. '코리올리 효과'(Coriolis Effect)를 20세기 초

에는 '코리올리 가속'이라 불렀고, 1920년 이후로는 '코리올리 힘'으로
부르고 있다.

"코리올리 효과에 의한 편향의 정도는 회전체의 운동 속도에 비례한다."

적도에서는 코리올리 효과가 0이다. 코리올리의 힘은 매우 약하여,
중력 크기의 3,000만분의 1에 지나지 않는다. 그러나 대기 속이나 해양
에서는 코리올리의 영향이 두드러지게 나타난다. 그것이 태풍의 구름 모
습이다. 태풍의 구름이 회전하는 정도는 위도(緯度)와 풍속(風速)에 따라
달라진다.

북반구에 생겨난 태풍의 눈 사진
이다. 구름은 기압이 높은 바깥
쪽에서 중심부를 향해 시계 반대
방향으로 움직이고 있다.

가끔 하수구 구멍으로 빠지는 물이 어
느 방향으로 돌면서 나가는 것을 보고, 코
리올리의 영향 때문이라고 말하지만, 사실
은 그렇지 않다. 코리올리의 힘은 무시할
정도로 약하기 때문에 세면대의 배수구에
서 그런 현상이 나타나는 것은 아니다.

기상학에서는 '보이스 발로트의 법
칙'(Buys Ballot's Law)이 인용된다. 네덜
란드의 화학자이며 기상학자인 크리스토
프 보이스 발로트(Christoph Buys Ballot
1817~1890)는 1857년에 풍향에 대하여 다

음과 같은 내용을 발표했다.

　"북반구에서 바람을 등 뒤에서 맞고 있다면, 관찰자의 왼쪽에 저기압의 중심이 있다. 왜냐하면 북반구에서는 바람이 시계반대방향으로 돌며 불기 때문이다. 남반구에서는 이와 반대가 된다. 이런 현상은 고위도에서는 뚜렷하지만 저위도에서는 정확하지 않다."

　발로트가 이런 주장을 한 거의 같은 시기에, 미국의 기상학자 제임스 헨리 코핀(James Henry Coffin, 1806~1873)도 같은 내용을 발표했다.

바람은 고기압에서 저기압 쪽으로 분다. 보이스 발로트의 법칙에 따르면, 우리나라에서 만일 동풍이 등 뒤에 분다면, 저기압의 중심은 자신의 왼쪽인 남쪽이다. 항해일지에 기상 변화를 자세하게 기록하기 시작한 것은 범선을 타고 먼 바다를 항해하는 탐험시대가 시작된 1500년대부터이다.

# 71

## 빙하시대에 대한 '아가시의 이론'

### - 1837년 / 스위스

지구 온난화 현상 때문에 빙하에 대한 관심과 연구가 어느 때보다 활발하다. 빙하(氷河, glacier)는 겨울에만 생겼다가 여름이면 녹는 얼음이 아니라, 엄청난 양의 얼음장이 지구 표면의 광대한 면적을 덮고 있는 것을 말한다.

스위스에서 태어나 자라고 훗날 하버드 대학의 교수가 된 지질학자인 루이스 아가시(Jean Louis Rodolphe Agassiz, 1807~1873)는 1836년 알프스의 바위들을 관찰하던 중에 암석들이 크게 긁히고 홈이 파이는 상처를 입은 이유를 생각해 냈다. 그는 이때 발견한 빙하시대에 대한 그의 이론(*Agassiz's Theory of Ice Age*)을 1837년에 과학학회에서 발표했다.

오늘날에는 루이스 아가시의 빙하 이론이 그대로 인정되지 않는다. 과학자들은 마지막 빙하기는 약 200만 년 전(홍적기 Pleistocene)이 절정기였고, 이후 차츰 얼음이 후퇴하여 지금은 간빙기(間氷期)에 속한다고 생각한다.

"과거에 유럽 대륙은 빙하로 뒤덮여

있었다. 바위의 상처들은 빙하가 움직일 때 생겨났다. 과거 6억 년 동안에 지구상에는 17차례의 빙하기가 있었다."

빙하기(ice age, glacial age)의 지구는 지금보다 훨씬 넓은 면적이 빙하로 덮여 있었다. 그럴 때의 지구 모습은 거대한 눈덩이와 같았다. 오늘날 과학자들은 빙하에 대해 많은 것을 알고 있다. 그러나 빙하시대가 왜 오고 가고 했는지 그 이유는 확실하게 모른다. 몇 가지 이론으로는 지구 궤도의 변화, 대륙의 이동, 화산 활동에 의한 대기 중의 이산화탄소 양의 변화, 우주 방사선 등이 있다.

빙하학자들의 연구에 의하면, 마지막 빙하기는 약 200만 년 전인 홍적기(洪積期 pleistocene)에 시작되었으며, 현재의 지구는 비교적 따뜻한 간빙기(間氷期)에 있다고 생각한다. 오늘의 지구 표면은 약 10%가 얼음으로 덮여 있다. 그러나 지나간 빙하기에는 얼음이 지표(地表)의 30%를 덮고 있었다.

# 72

## 동소체에 대한 베리셀리우스의 개념

### - 1840년 / 스웨덴

스웨덴의 뛰어난 화학자인 옌스 야코브 베리셀리우스(Jones Jacob Berzelius, 1779~1848)는 오늘날 돌턴, 라부아지에 그리고 보일과 함께 근대 화학의 아버지로 불린다. 원자설을 발표한 돌턴은 원자를 동그라미 모양(51항 참조)으로 나타냈다. 베리셀리우스는 원소의 이름(라틴어)에서 머리글자를 따서 간단히 표시하는 원소기호를 창안했으며, 화합물을 오늘날의 화학식 형태로 표시했다. 예를 들면 산소(Oxygen)는 O로, 수소(Hydrogen)는 H로 나타내어, 물의 화학식을 2HO로 나타냈다(오늘날에는 $H_2O$로 표기). 그는 실리콘(규소), 셀레늄, 토륨, 세륨 등의 원소를 발견했으며, 그의 제자와 함께 리튬과 바나듐을 찾아내기도 했다.

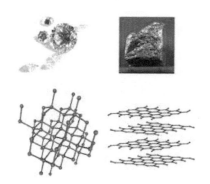

다이아몬드(왼쪽)와 흑연(오른쪽)은 같은 탄소이면서 결정의 구조와 성질이 다른 동소체이다. 동소체와 이성질체(異性質體, isomer)는 다르다. 이성질체는 분자식은 같으나 구조식이 다른 화학물질을(예: $C_2H_5OH$와 $CH_3OCH_3$) 말한다.

그는 숯을 화학적으로 처리하여 흑연으로 만드는데 성공하자, 탄소와 같은 것은 원소기호가 같지만 숯, 흑연, 다이아몬드처럼 성질이 다른 형태로 존재할 수 있음을 밝혔다. 이것이 '베리셀리우스의 동소체 개념'(Berzelius' Concept of Allotropes)이다.

"어떤 원소는 다른 성질을 가진 두 가지 이상의 형태로 존재할 수 있다."

그는 이런 물질을 동소체(allotrope)라 불렀다. 현재 동소체는 여러 가지 알려져 있다. 대표적인 탄소(C)의 동소체에는 흑연, 다이아몬드, 버키볼(buckyball)이라 불리는 물질이 있고, 유리와 수정은 규소(Si)로 이루어진 동소체이다. 산소($O_2$)와 오존($O_3$)이 동소체이고, 인(燐, P)의 흰인 붉은인 검은인, 황(黃, S)의 단사황, 사방황, 고무상황이 동소체이다.

당시 베리셀리우스는 화학 분야에서 세계적 권위자였다. 그가 프랑스를 방문했을 때는 필립 왕을 알현했고, 독일을 방문했을 때는 괴테의 초청을 받아 식사를 함께 하기도 했다,

# 73

## 도플러 효과
### - 1842년 / 오스트리아

천문학과 수학을 공부한 도플러는 2개의 별이 붙어 있는 이중성에서 오는 빛의 색이 달라지는 원인을 연구하던 중에 도플러 효과에 대한 힌트를 얻게 되었다. 도플러 효과의 정도는 음원(또는 광원)의 이동 속도와 관찰자의 이동 속도에 따라 달라진다.

사이렌을 요란하게 울리며 달려오던 소방차가 자기 옆을 스쳐지나가고 나면, 다가오던 동안에는 크게 들리던 소리가 갑자기 작게 들린다. 오스트리아의 수학자이며 물리학자인 크리스티안 도플러(Christian Doppler, 1803~1853)는, 음파나 빛이 관찰자 쪽으로 접근해오거나 멀어지면(또는 음원이나 광원 쪽으로 관찰자가 접근하거나 멀어지면), 음파나 빛의 진동수와 파장이 변하여 전달된다는 사실을 1842년에 발표했다. 이런 현상을 발견자의 이름을 따서 '도플러 효과'(Doppler Effect)라 부른다.

"관찰자로부터 멀어지거나 접근하는 소리 또는 빛은 관찰자에 대해 주파수가 변한다."

음원(音源)을 향해 관찰자가 접근하면, 음파는 고막에 더 빨리 접근하게 되므로 진동수가 많아지는 효과가 나타나 소리가 크게 들린다. 반대로 소리가 멀어져 가면 음파는 늦게 고막에 접근하므로 진동수가 줄어드는 현상이 나타나 작게 들리는 것이다(아래 사진 참조).

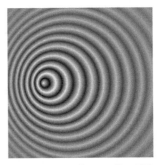

접근해오는 소리(또는 빛)는 진동수가 증가하는 현상이 나타나 크게 들리고, 멀어져가는 파는 진동수가 감소하여 낮은 소리로 들리게 된다.

1845년에 네덜란드의 기상학자인 크리스토프 보이스 발로트(70항 참고)는 음파의 도플러 효과를 측정하는 실험을 했다. 그는 지붕이 없는 기차에 탄 트럼펫 연주단을 음원으로 사용했다. 이 실험으로 도플러 효과는 증명이 되었다.

도플러는 이러한 도플러 효과가 소리만 아니라 빛에서도 일어날 것이라고 예측했다. 당시에는 이를 증명할 실험이 불가능했다. 그러나 오래지 않아 1849년에 피조(Armand Hippolyte Louis Fizeau. 80항 참조)가 별로부터 오는 빛을 관측하는 방법으로 이를 증명하게 되었다.

# 74

## 마이어의 '열역학 제1법칙'

### - 1842년 / 독일

물을 데우면(열을 가하면) 증기기관과 터빈을 움직이는 힘이 나온다. 자동차는 연료가 탈 때 발생하는 열의 힘으로 움직인다. 그러므로 열은 에너지인 것이다. '열역학 제1법칙'(First Law of Thermodynamics)은 열과 에너지의 관계를 나타내는 매우 중요한 물리학 법칙의 하나이다.

마이어는 1842년에 "생물체의 에너지는 산화 과정에서 발생한다."고 했으며, 또한 "식물은 빛을 에너지로 바꾼다."고 처음 주장하기도 했다.

"열은 에너지의 한 형태이고, 에너지는 보존된다."

이 법칙의 기본 공식은

$\Delta U = Q - W$ 로 나타낸다.

($\Delta U$는 내부 에너지의 변화, Q는 열에너지의 양, W는 일의 양)

독일의 의사이며 물리학자인 율리우스 로베르트 폰 마이어(Julius Robert von Mayer, 1814~1878)는 열과 일의 관계에 대해 연구한 선구적인 과학자 가운데 한 사람이다. 그는 1841년에 '에너지 보존 법칙'을 처음 발표했다. 즉 "에너지는 창조되지도 않고 파괴되지도 않으며, 한 형태에서 다른 형태로 바뀔 수 있다." 오늘날에는 이 에너지 보존 법칙을 '열역학 제1법칙'이라 부른다. 열역학의 영어인 thermodynamic은 열(thermo)과 일(dynamic)을 합친 말이다. 열역학에는 제1법칙과 제2법칙(81항 참조), 그리고 제3법칙(81항 참조)이 있다.

# 75

## 슈바베의 '태양 흑점 주기설'

### - 1843년 / 독일

천체망원경으로 태양의 표면을 관찰하면 몇 개의 검은 반점이 관찰된다. 이것을 우리는 태양의 흑점(sunspot)이라 부른다. 수평선에 떠오르는 해를 관찰하면 맨눈으로도 흑점이 보인다. 중국에서는 기원전부터 흑점에 대한 기록을 남기고 있다. 흑점은 다른 주변보다 온도가 낮기 때문에 어둡게 보이며, 자기장(磁氣場)이 강하게 나오는 등 태양 활동이 심하게 일어나는 부분이다.

태양 흑점이 가장 많을 때를 '극대기'라 하고, 최소가 되는 때는 '극소기'라 한다. 흑점의 크기는 직경이 1,000~40,000㎞ 정도 된다.

갈릴레오는 1612년부터 자신이 고안한 망원경으로 태양의 흑점을 관찰했다. 이후 많은 천문학자들이 흑점을 관찰했으나 그것이 주기적으로 변하는 것을 관찰하지는 못했다. 독일의 아마추어 천문학자인 사무엘 하인리히 슈바베(Samuel Heinrich Schwabe, 1789~1875)는 1826년부터 특별한 천체를 찾고 있었다. 그는 수성과 태양 사이에도 행성이 있을지 모른다고 생각하

여, 상상의 행성에 벌칸(Vulcan)이라는 이
름까지 지어두고 있었다.

수성보다 안쪽의 궤도는 태양빛이 너
무 강하여 관측하기 어렵다. 그래서 그는
태양의 표면에 비칠 가능성이 있는 벌칸
의 그림자를 찾으려고 노력했다. 만일 태
양 앞으로 벌칸이 지나간다면, 그 그림자
가 검게 보일 것이었기 때문이다. 이 때문
에 그는 태양 표면의 흑점들을 늘 관측했
고, 그 흑점들 사이에 벌칸이 나타나기를
기다렸다. 17년 동안 관찰한 이후, 그는 태

슈바베는 흑점 연구에 대한 공로
를 인정받아 1857년에 영국의
왕립천문학회로부터 금메달을
받았다.

양 흑점의 발현 주기설(Theory of Sunspot Cycle)을 발표했다.

"태양의 흑점은 약 11년을 주기로 그 수가 많아졌다가 줄어들었다 한다."

그는 이후에도 25년간이나 더 흑점을 조사했다. 그러나 끝내 벌칸은
발견되지 않았다. 슈바베의 흑점 주기설이 나온 이후 과학자들은 태양의
흑점 활동이 기상에 변화를 줄지도 모른다고 생각하여 조사를 했으나, 특
별한 관계는 찾지 못하고 있다.

# 76

## 열과 일에 대한 '줄의 법칙'

### - 1843년 / 영국

럼퍼드(Count Rumford, 48항 참조)는 1798년에 "기계적인 일은 열로 변화될 수 있다."고 밝혔다. 럼퍼드의 이러한 주장을 인정한 영국의 물리학자 제임스 프레스코트 줄(James Prescott Joule, 1818~1889)은 '얼마만큼 기계적 일을 하면 얼마큼의 열이 날 수 있는지' 밝히기 위해 1,000번도 더 되는 정밀한 실험을 미친 듯이 했다. 결국 그는 '줄의 법칙'(Joule's Law)으로 불리는 다음과 같은 결론에 이르렀다.

줄은 양조 기술자였기 때문에 그의 업적은 쉽게 인정받기 어려웠다. 그러나 켈빈(Kelvin) 경이 그의 능력을 발견하게 되어 과학계에 알려지게 되었다. 그는 켈빈 경과 함께 절대온도 (79항 참조)에 대한 정밀한 연구도 했다.

"일정한 양의 일은 특정한 양의 열을 생산한다."

이러한 정의를 '줄의 일과 열의 등가(等價 equivalent)'라 한다. 그가 행한 실험 중에는, 일정한 용기에 물을 담고, 그 속에 물레바퀴를 담근 상태로 물레바퀴를 돌렸을 때, 물과 바퀴의 마찰로 얼마나 물의 온도가 오르는지 측정한 것이 있다. 실제로 물과 물레바퀴의 마찰에 의해 수온이 조금 상승했다. 줄은 어찌나 실험에 열중했는지, 스위스로 결혼 여행을 가면서도 실험용 온도계를 가지고 가, 알프스의 폭포 위와 폭포가 떨어지는 곳의 수온 차이를 비교하기도 했다.

줄은 양조장 집안의 아들이었다. 그는 15살 때 양조 기술을 배우면서 정밀한 측정법을 여러 가지 알게 되었다. 그가 실험을 통해 열의 변화를 잘 측정할 수 있었던 것은 이때 익힌 기술 덕분이었다. 오늘날 그의 이름은 일과 에너지의 양을 나타내는 국제단위인 줄(J : joule)이 되었다. 4.18줄의 일은 1칼로리의 열에 해당한다.

모래 속으로 물이 흘러 물과 모래가 마찰해도 열이 발생한다. 이와 마찬가지로 도체 속으로 전류가 흐르면, 전자와 도체 입자가 충돌하여 열을 발생시킨다. 이때의 열은 전기에너지가 열에너지로 변한 것이다. 줄은 1840년대에 이 문제를 실험하여 '줄의 법칙'을 발표했다.

"도체에 전류가 흘렀을 때 발생하는 열량은 전류의 제곱과 도체의 저항을 곱한 것에 비례한다."

$$Q = I^2 \times R \times t$$

(Q는 열량, I는 전류, R은 저항, t는 전류가 흐른 시간)

위의 줄의 법칙은 '줄 - 렌즈의 법칙'(Joule-Lenz Law)이라고도 불린다. 러시아 태생의 물리학자 하인리히 렌즈(Heinrich Lenz, 1818~1889)도 독창적으로 1842년에 이 법칙을 발견했기 때문이다.

# 77

## 냉동장치의 원리 '줄-톰슨 효과'
### - 1843년 / 영국

　프로판 가스를 압축시켜 담아둔 고압 용기(프로판 가스 통)의 노즐(좁은 구멍)을 통해 가스를 뿜으면, 매우 냉각되어 나온다. 냉장고라든가 에어컨의 냉각기는 프레온 등의 기체(냉매)를 압축했다가 좁은 구멍을 통해 갑자기 팽창시키는 방법으로 온도를 내린다.

　줄(Joule, 76항 참조)과 영국의 물리학자이며 엔지니어인 윌리엄 톰슨(William Thomson, 1824~1907)은 1852년에 '줄 - 톰슨 효과', 또는 '줄 - 켈빈 효과'(79항 참조)라고 부르는 열역학에 대한 새로운 효과를 완성했다.

　"압축된 공기를 좁은 관이나 구멍을 통해 팽창시키면 온도가 내려간다."

　줄-톰슨 효과(Joule-Thomson Effect)는 수소, 헬륨, 네온 3가지 기체를 제외하고는 모든 기체에서 나타나는 현상이다. 좁은 구멍으로 압축된 기체를 팽창시키는 것

압축된 기체가 급히 팽창하면 온도가 내려간다.

을 '드로틀링 과정'(throttling process)이라 한다. 물체의 열은 분자들이 충돌하여 발생하는 것이다. 압축되어 있는 기체의 분자들은 서로간의 간격이 좁아 충돌을 많이 한다. 만일 압축된 기체를 급히 팽창시킨다면, 분자 간의 거리가 멀어져 충돌 운동이 적게 일어나므로 온도가 내려간다. 프로판을 비롯하여 액체산소나 액체질소 등 액체 공기를 제조할 때는 모두 줄-톰슨 효과를 이용한다.

줄과 함께 이러한 효과를 완성한 윌리엄 톰슨은 '열역학 제2법칙'을 완성하는데 큰 역할을 했다. 그는 대서양을 횡단하여 미국과 영국을 연결하는 전신기를 완성한 공로로 빅토리아 여왕으로부터 '남작' 칭호를 받았으며, 뒷날 '절대 0도'에 대한 기초연구로(79항 참조) '켈빈 경'(Lord Kelvin)으로 불리게 되었다. 섭씨온도는 C로, 화씨온도는 F로, 그리고 절대온도를 나타내는 K는 Kelvin을 의미한다.

# 78

## 전자기학의 '키르히호프의 회로 법칙'

### - 1845년 / 독일

독일의 물리학자 구스타브 키르히호프(Gustav Kirchhoff, 1824~1887)는 1845년에 전자기학에서 전류와 전압을 구할 때 널리 이용하는 가장 기본적인 제1, 제2 두 법칙(Kirchhoff's Circuit Law)을 발표했다. 그는 옴의 법칙(Ohm's Law. 63항 참조)을 확장시킨 이 회로 법칙 외에 열복사에 관한 법칙도 발견했다.

흔히 '전류의 법칙'이라 부르는 제1법칙은 :

"회로의 각 지점(접점)에 흘러들어온 전류의 합은 각 접점에서 흘러나간 전류의 양과 같다."

이것을 공식으로 나타내면,

키르히호프는 전류와 전압의 법칙을 대학생 시절에 생각했다. 그는 로버트 분젠과 공동연구로 '키르히호프—분젠 분광기 이론'도 발표했다(86항 참조).

$I=I_1+I_2+I_3+\cdots$

(I는 전체 전류, $I_1$, $I_2$, $I_3$는 각 접점의 전류)

'전압의 법칙'이라 불리는 제2 법칙은 :

"회로에 가해진 전원 전압과 소비되는 전압 강하의 합은 같다."

그는 "열을 잘 흡수하는 물체는 열을 잘 방출하기도 한다."는 '키르히호프의 열복사의 법칙'(Kirchhoff's Law of Radiation)도 발표했다. 예를 들어 검은 옷은 열을 잘 흡수하는 동시에 잘 방출한다. 그러므로 더운 여름에 검은 옷을 입고 있으면 열을 잘 흡수하여 그 열을 몸 쪽으로 잘 방출하므로 더 덥게 느끼게 된다. 반대로 흰옷은 열을 잘 반사하므로 열 흡수가 적다.

# 79

## 가장 낮은 온도-절대온도 0도의 측정

### -1848년 / 스코틀랜드

열이란 분자의 운동에 의해 발생하는 것이다. 온도가 낮을수록 그 물체의 분자들은 운동을 적게 한다. 만일 물체를 이루는 분자의 운동이 완전히 정지된다면, 그 때의 온도는 어느 정도일까?

윌리엄 톰슨(77항 참조)과 켈빈 경(79항 참조)은 공동 연구에서,

"분자의 운동이 정지하면 섭씨 영하 273.15도(화씨로는 - 459.67도)가 되며, 그 이하의 온도는 존재하지 않는다."

라고 발표했다. 그리고 이 최하의 온도를 '절대 0도'(absolute 0)라 불렀다. 오늘날 절대온도(絶對溫度)는 켈빈 척도(Kelvin scale)라 부르며, 온도 뒤에 K를 붙인다.

절대온도를 연구한 켈빈 경(윌리엄 톰슨)은 당대 최고의 물리학자였다. 그는 글라스고 대학 교수였지만 강의에서는 실패한 교수였다. 그는 강의 중에 새로운 아이디어가 떠오르면 모든 것을 잊어버리고 연구에만 빠졌다.

빛의 속도를 능가할 수 없듯이, 절대온도에도 이를 수 없다. 그러자면 이론적으로 엄청난 에너지가 소요된다. 절대온도에 접근한 물체는 '에너지 0포인트'에 이른다. 하이젠베르크(Heisenberg)의 이론(123항)에 따르면, 절대 0도에 이르면 에너지가 가장 낮은 단계인 '바닥상태(ground state)'가 된다.

절대온도 0도에 가까운 극저온에서는 특수한 물리적 현상이 일어난다. 오늘날 극저온에 대한 연구는 자기부상열차를 개발토록 했으며, 첨단 기술과 물리학 분야가 되어 있다.

# 80

## 빛의 속도를 측정한 피조의 실험
### - 1849 /프랑스

오늘날 우리는 빛의 속도가 초속 약 30만 ㎞(정확하게는 299,792.458㎞)라는 것을 알고 있다. 17세기 이탈리아의 천문학자 갈릴레오는 등불로 빛의 속도를 측정해보려는 실험을 했다. 밤에 두 사람이 1㎞ 떨어진 곳에서 서로 바라보며, 들고 있는 등불의 문이 열리는 것을 보는 순간 상대도 등불의 문을 여는 방법으로 측정하려 했다. 그러나 이 방법으로는 빛이 워낙 빨라 측정이 불가능했다.

이후 덴마크의 천문학자 올러 뢰머(Ole Christenen Romer, 1644~1710)는 1676년에, 목성의 주변을 도는 위성이 목성 뒤로 가렸다가 다시 나타나기까지의 시간을 측정하는 여러 가지 방법으로, 빛의 속도가 약 20만 ㎞라고 추정했다. 그러나 이 측정도 큰 오차를 가지고 있다.

프랑스의 물리학자인 아르망 이폴리트 루이 피조(Armand Hippolyte Louis Fizeau, 1819~1896)는 1849년에 처음으로 빛의 속도를 매우 정확하게 측정하는데 성공했다. 피조는 약 8.87㎞ 떨어진 곳에 각각 반사거울을 설치하고, 720개의 톱니를 가진 톱니바퀴 사이로 빛을 보내어, 그 빛이 반대쪽 거울에 반사되어 톱니 사이로 다시 들어올 수 있도록 장치했

빛의 속도를 가장 먼저 측정한 피조는 1850년에 전류가 흐르는 속도를 측정하기도 했다.

다. 톱니바퀴를 천천히 돌리자, 톱니 사이로 나간 빛은 반대쪽 거울에 반사되어 그 톱니 틈새로 그대로 왔다. 그러나 톱니바퀴를 초속 25회전으로 빨리 돌리자, 톱니바퀴 사이로 나간 빛은 다음 톱니 사이로 들어왔다. 피조는 이러한 결과를 아래와 같이 수학적으로 계산하여, 빛의 속도는 초속 약 313,000㎞라고 추정했다.

약 8.87㎞ × 2(왕복) × 25회전 × 720

또한 1862년에는 푸코 진자를 발명한 프랑스의 물리학자 레옹 푸코 (Jean Bernard Leon Foucault, 1819~1868)도 피조와 비슷한 방법으로 톱니 바퀴를 사용하여, 빛의 속도를 초속 약 298,000㎞라고 추정했다.

1887년에는 미국의 물리학자 앨버트 마이컬슨(Albert Michelson, 1852~1931)과 에드워드 몰리(Edward Morley, 1838~1923) 두 사람이 공동으로 빛의 속도를 보다 정확하게 측정하여, 299,796㎞라고 발표했다.

오늘날에는 달 표면까지 레이저를 쏘아 반사되어 오는 시간을 측정하는 등의 방법으로 빛의 속도를 보다 정밀하게 측정하여, 초속

299,792,485m라고 정의하고 있다. 오늘날 '1m라는 길이는 빛이 299,792,485분의 1초 동안에 가는 거리'라고 정하고 있다.

# 81

## 열역학의 제2법칙과 엔트로피

### - 1850년 / 독일

석유를 불태우고 나면, 그때 발생한 열은 다시 석유로 되돌아가지 않는다. 계란을 일단 삶고 나면 다시 생 계란으로 돌아가지 않는다. 흘러간 시간도 뒤로 가지 않는다. 자연계에는 이처럼 되돌아갈 수 없는 현상이 많이 있다.

독일의 물리학자이며 수학자인 루돌프 클라우지우스(Rudolf Clausius, 1822~1888)는 1850년에 '열역학의 제2법칙'(Second Law of Thermodynamics and Entropy)을 나타내는 중요한 논문을 발표했다.

열역학의 제2법칙은 클라우지우스 외에도 여러 과학자가 조금씩 다른 시기에 비슷한 내용으로 발표했다. '열역학의 제3법칙'은 "온도를 절대영도(섭씨 영하 273.15도)로 내리는 것은 불가능하다."

"열은 저온 물체로부터 자연적으로 고온 물체 쪽으로 흐르지 않는다."

그는 다시 1865년에 열역학에 '엔트로피'(entropy)라는 개념을 도입했다. 엔트로피 개념은 물리학과 화학 및 수학에서 중요하게 취급한다. 석유를 태우면 열에너지가 발생한다. 에너지 보존의 법칙에 따라, 연소한 석유에서 생겨난 가스와 수증기 등도 같은 양의 에너지를 가지고 있어야 한다. 그러나 이 에너지는 일을 할 수 없는 에너지이다. '엔트로피'란 이처럼 일로 변환될 수 없는 에너지의 양'을 말한다. 높은 곳에서 떨어지는 물은 에너지를 가지고 있다. 그러나 떨어지고 난 물의 에너지는 일을 하지 못한다.

엔트로피는 '시스템이 가진 무질서의 잠재성'을 나타낸다. 그러므로 무질서하거나 불명확한 시스템일수록 엔트로피는 크다. 예를 들면, 얼음의 분자는 질서가 있어 엔트로피가 낮다. 그러나 얼음이 녹아 물이 되면 엔트로피는 증가하고, 물이 끓어 분자가 무질서하게 운동하는 수증기가 되면 엔트로피는 더욱 커진다. 되돌아갈 수 없는 시스템은 엔트로피가 크다. 그러므로 우주의 엔트로피는 증가하고 있다.

# 82

## 지구의 자전을 증명하는 '푸코의 진자'

### - 1851년 / 프랑스

해가 동쪽에서 뜨고 서쪽으로 지는 것은 지구가 자전하고 있기 때문이다. 다른 방법으로 지구가 자전하고 있는 것을 확인할 방법은 없을까? 프랑스의 물리학자 레옹 푸코(Jean Bernard Leon Foucault, 1819~1868)는 파리에 있는 판테온 성당의 돔 천장에 '푸코의 진자'(Foucault's Pendulum)로 알려진 긴 진자(振子)를 설치하여, 그것이 흔들리며 운동하는 모양을 관찰함으로써, 지구가 자전하고 있다는 것을 1851년에 증명했다.

진자란 긴 줄 끝에 무거운 추를 달아 자유롭게 흔들리도록 만든 것이다. 푸코가 만든 진자가 특별했던 것은, 규모가 크고, 추를 매단 줄의 꼭지 부분이 어느 방향으로든 움직일 수 있도록 만들었다는 것이다. 그의 진자는 67m 길이의 줄에 28kg 무게의 대포알을 추로 단 것이었다. 추의 아래 바닥에는 모래를 깔았고, 추 끝에 바늘을 장치하여 모래에 흔들리는 대로 자국을 만들도록 했다.

진자의 추를 한쪽으로 당겼다가 놓으면 반대 방향으로 갔다가 다시 돌아오는 운동을 되풀이한다. 푸코의 진자는 왕복하면서 모래 위에 마치 두 날개 프로펠러가 돌아가는 모양의 자국을 만들었다. 푸코의 진자는 흔들리면서 1시간에 각도 11도씩 시계방향으로(남반구에서는 시계반대방향) 돌았으며, 완전히 1바퀴 도는 데는 32.7시간이 걸렸다.

푸코의 진자가 설치된 레옹 성당은 세계의 명소이다. 물리학자 푸코는 반사망원경에 사용하는 오목거울이 완전한 구형으로 제작되었는지 확인하는 실험방법인 '푸코 테스트'를 개발하기도 했다. 달의 운석공 중에는 푸코의 이름을 딴 것이 있다.

이렇게 진자가 흔들리는 동안 회전하는 것은 진자 아래의 지구가 자전하고 있기 때문이다. 만일 진자를 북극이나 남극에 설치한다면, 그 진자는 하루에 1바퀴씩 돈다. 그러나 적도상에서는 돌지 않고 한 방향으로만 흔들린다. 그리고 다른 곳에서는 위도에 따라 진자가 1주하는데 걸리는 시간이 달라진다. 진자가 1시간 동안에 이동하는 각도 알파 = 15×sinQ이다. Q는 진자가 설치된 지역의 좌표상의 위도를 나타낸다. 푸코의 진자가 설치된 레옹 성당은 북위 48.52도에 위치하고 있다.

# 83

## 화학 결합의 '프랭클랜드의 원자가 이론'
### - 1852년 / 영국

어떤 원소끼리는 화학적으로 잘 결합하고, 어떤 원소는 결합이 어렵다. 예를 들어 산소(O)와 수소(H)는 쉽게 결합하여 물($H_2O$)이 될 수 있고, 나트륨(Na)과 염소(Cl) 역시 잘 화합하여 소금(NaCl)이 되며, 산소와 탄소는 결합하여 이산화탄소($CO_2$)가 된다. 그러나 어떤 원소들은 서로 결합하지 않거나 결합하기 매우 어렵다. 화학에서 어떤 경우에 원소들이 잘 결합하고 못하는지에 대한 연구는 19세기부터 매우 중요했다.

영국의 이름난 화학자 에드워드 프랭클랜드(Edward Frankland, 1825~1899)는 1852년에 "화학 결합을 결정하는 것은 화학 결합 본드(chemical bond)이다."라는 이론(Frankland's Theory of Valency)을 처음으로 발표했다. 당시만 해도 원자의 핵 구조라든가 전자에 대해 알지 못하고 있었다.

"한 원소가 다른 원소와 결합하여 화합물을 만드는 능력은 화학 결합 본드의 수에 의해 결정된다."

프랭클랜드는 화학 본드 이론에서 valency(또는 valence)라는 용어를 처음 사용했는데, 우리말로는 원자가(原子價)라 부른다. 현대 화학에서 '원자가' 개념은 화학(구조화학)의 기본이 된다. 프랭클랜드 이후 다른 과학자들도 화학 본드에 대한 여러 이론을 발표했다. 훗날 화학 결합 본드의 수가 핵 둘레를 도는 전자의 수에 따라 결정된다는 것을 알게 되면서, valency는 다시 '원자가 전자'라는 용어로 불리게 되었다.

프랭클랜드의 화학결합 본드 이론(원자가 이론)은 처음에는 쉽게 인정되지 않았으나, 얼마 후 케쿨레(105항 참조)가 등장하면서 널리 받아들이게 되었다.

예를 들어 물을 이루는 수소는 핵 둘레에 전자를 1개 가지고 있는, 화학 본드가 1인 원자이다. 산소는 원자 둘레에 8개의 전자를 가졌지만, 화학 본드는 2개여서, 원자가 전자가 2이다. 그리고 탄소 원자는 전자를 6개 가졌고, 화학 본드는 4(원자가 전자 4)이다. 그래서 물의 화학 구조는 H - O - H로 나타내고, 이산화탄소의 화학 구조는 O=C=O로 나타낸다. 대부분의 원소는 각기 고유의 원자가를 가졌지만, 철(Fe)의 경우에는 2 또는 3이다.

# 84

# 컴퓨터의 수학 '불리언 논리'

## - 1854년 / 영국

모든 컴퓨터 회로는 ON과 OFF(또는 1과 0) 두 상태로 작동한다. 이것을 2진 숫자(binary digits) 또는 비트(bits)라 한다. 오늘날의 전자공학 시대를 '디지털 시대'라고 부르게 된 디지털은 여기서 유래한다.

영국의 수학자이며 철학자인 조지 불(George Boole, 1815~1864)은 '불리언 논리'(Boolean logic)라고 부르는 수학의 한 분야를 새롭게 개척했다.

불리언 논리는 오늘날의 컴퓨터와 전자 장치를 작동하게 하는 기본적인 수학의 논리이다.

불은 수학을 독학했다. 시골 학교 교사로 일하던 중, 1847년에 「논리의 수학적 분석」이라는 훌륭한 논문을 발표했다. 그는 이 논문으로 곧 영국 퀸스 대학의 수학 교수가 되었다. 1854년에는 '불리언 논리'를 소개하는 놀라운 논문을 발표하여, 영국 왕립학회의 회원으로 선출되었다.

수학자이며 논리학자인 조지 불은 컴퓨터 과학의 이론을 세운 원조 수학자 중의 한 사람이다.

20세기에 들어와 컴퓨터가 개발되면서 불의 논리는 완전히 빛을 보게 되었다. 복잡한 컴퓨터와 전자장치들은 불이 발명한 0과 1 두 디지털 언어로 처리되고 있는 것이다.

# 85

## 다윈의 진화론

### - 1859년 / 영국

영국의 위대한 생물학자 찰스 다윈(Charles Robert Darwin, 1809~1882) 이 1859년에 『종의 기원』(On the Origin of Species)을 출판하자, 첫날에 모든 책이 다 팔리고 말았다.

당시까지 대부분의 사람들은 구약성경 〈창세기〉에 쓰인 그대로, 모든 생물은 신이 처음에 창조한 모습 그대로 살고 있다고 믿었다. 그러나 다윈은 그의 책에서 "지금 살고 있는 생물은 긴 세월을 두고 계속 변해왔기 때문에, 과거에 살았던 생물과는 다르며, 또한 과거에 살았던 많은 생물은 지금 사라지고 없다."고 주장했다,

"현재 살고 있는 모든 생물은 간단한 생물체로부터 자연 선택(自然 選擇)의 과정을 거쳐 진화한 것이다."

다윈은 생물의 종류가 매우 많은 것에 흥미를 가졌으며, 지질학에 대한 견문도 풍부하게 가지고 있었다. 그는 유명한 탐험선 비글(Beagle) 호를 타고 1831년부터 거의 5년 동안 세계를 여행하고 돌아온 뒤, 생물의

진화를 믿게 되었다. 그는 여행 동안 생물과 지질에 대해 세밀히 기록했으며, 수많은 표본과 화석을 채집했다. 특히 그는 남아메리카 대륙에서 외따로 떨어져 있는 갈라파고스 섬의 독특한 생물들을 관찰한 뒤에 더욱 진화를 확신하게 되었다.

다윈이 진화론을 집필하고 있을 때, 마침 영국의 박물학자 월리스 (Alfred Russel Wallace 1823~1913)가 다윈과 비슷한 진화 이론을 주장하는 편지를 보내왔다. 월리스도 다윈처럼 남아메리카와 호주, 말레이시

다윈이 세상을 떠나자, 왕족이 아니었지만 그의 장례식은 국장(國葬)으로 치러졌으며, 존 허셜과 아이작 뉴턴이 잠들어 있는 웨스트민스터 성당에 안치되었다.

아 등지를 여행하여, 12만 5,000가지 이상의 표본을 수집하고, 여행기를 출판하기도 했다.

다윈이 진화론을 발표하자 많은 사람들, 특히 기독교인들은 강력하게 반발했고, 온 유럽 사회가 진화에 대한 논쟁으로 시끄러웠다. 다윈은 그의 책 속에서 인간의 진화에 대해서는 논하지 않았다. 그러나 1871년에 낸 『인류의 계통』(The Descent of Man)이란 책에서 인류는 원숭이와 동일한 선조로부터 진화했다고 말했다.

다윈의 진화론(Darwin's Theory of Evolution) 요점을 설명하자면,

1, 생물의 종(種)은 매우 다양한 모습과 행동을 하고 있고, 그러한 다양
   성(多樣性)은 후대로 이어진다.

2. 모든 종은 환경에서 살아남을 수 있는 수보다 더 많은 자손을 낳고
   있다.

3. 같은 종일지라도 환경에 잘 적응하는 것이 잘 살아남는다. 이것이
   '적자생존'(適者生存 survival of the fittest)이고, '자연 선택'(natural
   selection)이다.

4. 유전적 변화나 돌연변이 등에 의해 자연선택이 거듭되면, 새로운 종
   으로 진화한다.


다윈 이후 진화론은 거듭 발전해왔다. 오늘날에는 핵 속의 염색체를
구성하는 핵산(DNA)을 조사하여 진화를 연구하기도 한다. "생물학이란
무엇인가?" 하고 물을 때, 한마디로 '진화의 과정을 밝히는 학문'이라
말하고 있다.

# 86

## 키르히호프와 분젠의 분광학 이론
### - 1860년 / 독일

화학실험실에서는 실험재료를 고온으로 가열하거나 살균할 때 분젠 버너를 잘 사용한다. 독일의 화학자 로베르트 분젠(Robert Bunsen, 1811~1899)이 1855년에 개발한 조그마한 버너는 연료가 되는 가스(당시에는 석탄가스 사용)와 공기가 적절히 혼합되어, 불꽃이 작게 나면서 고온으로 연소하도록 만든 것이다.

분젠은 하이델베르크 대학의 동료이자 친구인 물리학자 구스타프 키르히호프(Gustav Kirchhoff, 1824~1887, 78항 참조)와 함께 프리즘을 이용하여 빛을 분산시키는 최초의 분광기(分光器 spectroscopy)를 만들었다. 이때 그들은 분젠 버너를 사용하여 각 원소의 온도를 빛이 나도록 높여주어, 그 빛을 분광기로 관찰했을 때, 각 원소마다 독특한 파장의 빛을 낸다는 '분광학 이론'(Kirchhoff-Bunsen

분젠은 뛰어난 실험가이면서 훌륭한 교수이기도 했다. 그는 24세 때 실험 중 사고로 한 눈을 실명했다.

Spectroscopy Theory)을 발표했다.

"모든 원소는 빛이 나도록 열을 주면, 각기 독특한 스펙트럼선의 빛을 낸다."

두 사람은 분젠 버너와 분광기를 사용하여 새로운 원소인 세슘(1860년)과 루비듐(1861년)을 발견하는 데 성공했다. 또한 그들은 태양의 빛을 분광기로 조사하여, 태양에 나트륨이 존재한다는 것도 밝혀냈다. 오늘날 많은 과학자들은 분광기로 별빛을 분석하여 별의 성분을 비교 조사하기도 한다.

분젠 버너의 공기 공급량을 잘 조정하면 연한 푸른빛의 불꽃에서 고온을 얻을 수 있다.

키르히호프를 잘 알던 한 은행가는 "태양에 금이 있다는 것을 안다고 해서 그게 무슨 소용이냐!"고 했다. 그러나 키르히호프는 훌륭한 연구 업적으로 금메달을 수여받게 되자, "태양에서 가져온 금이 여기 있잖소!" 했다고 전한다.

# 87

## 전자기에 대한 '맥스웰의 방정식'

### - 1864년 / 스코틀랜드

20세기가 시작되면서 세계는 전기와 자기의 시대, 전파통신 시대로 들어섰다. 오늘의 전자와 통신의 시대는 스코틀랜드의 위대한 이론물리학자이며 수학자인 제임스 클러크 맥스웰(James Clerk Maxwell, 1831~1879)의 선구적인 업적으로부터 꽃피기 시작했다.

맥스웰은 당시까지 알려진 전기장과 자기장에 대한 법칙을 통합하여 4가지 수학 방정식으로 나타냈다. 맥스웰의 방정식(Maxwell's Equation)은 매우 복잡하

맥스웰은 어릴 때 '멍청이'로 불릴 정도였다. 그러나 그의 아버지가 왕립학회 과학 강연회에 그를 데리고 갔을 때. 거기서 과학에 흥미를 갖게 되었다. 그는 뉴턴과 아인슈타인에 뒤이어 3번째의 위대한 물리학자로 인정되고 있다.

다. 가우스의 법칙 2가지와 패러데이의 법칙, 그리고 암페어의 법칙을 통합한 내용은, 1) 전기장과 전하와의 관계, 2) 자기장과 자극(磁極)과의 관계, 3) 전류와 자기장과의 관계, 그리고 4) 전류(또는 전기장)와 자기장과의 관계를 통합한 것이다.

후대의 물리학자들은 맥스웰의 업적을 말하여, '아이작 뉴턴에 이어 두 번째로 물리학을 통합시킨 과학자'라 부르고 있다. 그는 "자기장과 전기장은 파의 형태로 진행하며, 그 속도는 빛의 속도와 같고, 자기장과 전기장의 파(波)는 서로 직각을 이루고 진행한다."고 예측했다.

# 88

## 멘델의 유전 법칙

### - 1865년 / 오스트리아

모든 생물은 암수 성(性)을 가지고 번식하는(유성생식) 무리와 암수 구분이 없는 무성생식(無性生殖) 무리가 있다. 유성생식을 하는 동식물에서 부모의 형질이 자손에게 전달되는 현상[유전(遺傳)]은 과거부터 알고 있었다. 그러나 여기에 어떤 법칙이 있다는 것을 처음으로 확실하게 밝혀낸 과학자는 오스트리아의 식물학자 그레고리 멘델(Gregor Johann Mendel, 1822~1884)이다.

멘델은 식물학자이면서 가톨릭교 아우구스티누스 교단의 수도원 성직자이기도 했다. 그는 수도원의 공터에 서로 다른 특징을 가진 완두(豌豆, pea) 종류를 심어, 서로 교배했을 때 어떤 결과가 나타나는지 면밀하게 조사하는 실험에 착수했다. 그가 교배실험에 사용한 완두의 특징들은 씨의 모양(둥근 것과 주름진 것), 씨의 색(회색

멘델이 유전 법칙을 발견할 당시에는 염색체라든가 유전인자 등에 대해 알지 못하고 있었다. 그러나 멘델의 유전 법칙이 인정된 이후 유전학은 큰 발전을 하기 시작했다. 멘델은 '유전학의 아버지'로 불린다.

과 흰색), 꼬투리의 모양(불룩한 것과 납작한 것), 꼬투리의 색(녹색과 황색), 꽃의 색(황색과 녹색), 꽃이 달리는 모양(흩어진 것과 모인 것), 그리고 줄기의 길이(긴 것과 짧은 것) 이렇게 일곱 가지였다.

그는 1856년부터 1863년까지 7년간 여러 세대에 걸쳐 29,000포기의 완두를 길러내며 실험의 결과를 수학적으로 분석하여, 오늘날 '우열의 법칙(또는 우성의 법칙)', '분리의 법칙', 그리고 '독립의 법칙'이라 불리는 유전의 기본 법칙(Mendel's Laws of Heredity)을 발견했다. 그는 이 결과를 1865년에 학술지에 발표했다.

**우열의 법칙(우성의 법칙)** – 제1대 잡종에서는 대립형질 중에 우성(優性) 형질만 나타난다.

**분리의 법칙** – 1대 잡종을 자가수분(自家受粉)하면, 제2대에서는 우성과 열성(劣性) 형질이 3:1로 분리되어 나타난다.

**독립의 법칙** – 두 가지 이상의 형질이 유전될 때, 각 형질은 서로 간섭하지 않고 독립적으로 분리의 법칙을 따른다.

멘델이 발견한 유전의 법칙은 당시에는 주목을 받지 않았다. 그러나 멘델이 세상을 떠나고 16년이 지난 1900년에 3사람의 유럽 과학자들이 각기 유전실험을 해본 결과, 멘델의 논문이 중요하다는 사실을 발견했다.

특히 영국의 유전학자 윌리엄 베이트슨(William Bateson, 1861~1926)은 멘델의 발견을 강력하게 지지했으며, 오늘날 사용하는 유전학(genetics), 유전자(gene), 대립유전자(allele)와 같은 말을 처음 만들기도 했다.

# 파스퇴르의 병원균 학설

– 1865년 / 프랑스

19세기까지도 사람들은 미생물이 질병을 일으킨다는 것을 알지 못하고 있었다. 특히 사람들은 썩은 생선이나 음식에서 구더기가 생기고, 흙 속에서 벌레들이 태어난다고 하는 '자연발생설'을 믿고 있었다.

광견병 백신의 성공을 계기로 프랑스는 국민들의 후원금으로 1887년에 세균병을 전문으로 연구하는 '파스퇴르 연구소'를 파리에 설립했다. 그의 이름을 딴 이 연구소는 오늘날 세계적으로 이름난 세균 연구소의 하나이다.

프랑스의 화학자이며 미생물 학자인 루이 파스퇴르(Luis Pasteur, 1822~1895)는 일생을 두고 미생물이 일으키는 병의 원인을 연구하고, 그것을 예방하는 방법을 찾았다. 그는 대학 교수로 지내던 1856년, 농부들이 사탕무를 원료로 알코올을 생산할 때, 실패를 자주한다는 사실을 알게 되었다. 이후 수년 동안 이 문제를 연구한 끝에, 그는 사탕무로부터 알코올이 생겨나는 원인은 미생물이 번식하기 때문(발효)이라는 사실을 알게 되었다.

또한 1862년에는 와인이나 맥주를 적당한 온도로 데워주면, 세균이 죽어버려 발효 과정도 멈춘다는 사실을 발견했다. 맥주만 아니라 우유를 비교적 낮은 온도에서 살균하는 방법(저온살균법)을 영어로 '패스터리제이션'(pasteurization)이라고 하는 것은 그의 이름으로부터 생겨난 말이다.

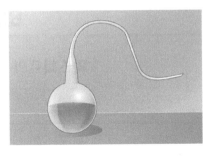

파스퇴르가 사용한 백조의 목을 닮은 입구가 휘어진 살균 병. 병 속의 수프를 끓여 멸균하고 나면, 긴 주둥이 속으로 세균이 들어가지 못해 수프는 장기간 변질되지 않고 보존된다.

"사람이 앓는 많은 병의 원인은 미생물 때문이다."

그는 미생물이 음식물을 부패시키고, 인간의 병도 미생물 때문이라는 병원균 학설(Pasteur's Germ Theory of Disease)을 주장하고, 미생물을 죽이는 방법까지 연구하기 시작했다. 병원균 학설을 주장한 과학자는 파스퇴르 이전에도 있었다. 그러나 세균 살균 방법까지 연구한 과학자는 파스퇴르가 처음이었기 때문에, 그는 독일의 의사인 코흐(Heinrich Herman Robert Koch, 1843~1910)와 함께 미생물학의 아버지로 불리게 되었다.

그는 닭 콜레라의 병원균을 분리하여 배양하면서 백신(vaccine)을 만들었다. 또한 탄저병과 천연두, 광견병 등의 백신도 제조하는 데 성공했다. 1885년에는 9세의 한 소년이 광견병에 걸린 개에게 물려 죽을 지경에 있었다. 그는 의사가 아니었기 때문에 광견병 백신을 함부로 주사할 수 없었다. 그러나 소년을 살리기 위해 처음으로 접종한 결과 그 소년은 건강을 회복했고, 이 사실을 알게 된 사람들은 그를 열렬히 환호했다.

# 90 ✦

## 유기화합물에 대한 케쿨레의 이론
### - 1865년 / 독일

원유의 한 성분이기도 한 벤젠 (benzene)은 의약품, 플라스틱, 합성 고무, 염료 등을 제조할 때 기본적으로 사용하는 원료 물질의 하나이다. 벤젠은 무색으로 휘발성이 강하고, 불에 잘 타며, 다른 물질을 쉽게 녹이는 성질을 가지고 있다. 벤젠은 달콤한 냄새가 풍기는 화합물이다.

케쿨레가 찾아낸 벤젠의 구조식은 이후 유기화학 발전에 큰 역할을 했다.

그래서 벤젠 비슷한 화합물에 대해 방향족 화합물(芳香族 化合物 aromatic compound)이라는 이름을 붙이게 되었다.

유기화합물(유기물)이란 탄소를 주성분으로 하는 화합물(탄소화합물)을 말한다(이산화탄소는 탄소가 주성분이지만 예외). 1860년대에 화학자들은 유기화합물의 하나인 벤젠의 분자식이 $C_6H_6$라는 것을 알게 되었다.

독일의 유기화합물 화학자인 프리드리히 케쿨레(Friedrich August Kekule, 1829~1896)는 탄소의 원자가가 4라는 것을 처음으로 알아냈다.

벤젠의 화학 구조식은 탄소 6개가 6각형 고리를 이루고 있고, 각 탄소는 6개의 수소와 하나씩 연결되어 있다. 그리고 각 탄소 원자로부터 나온 4개의 본드(82항 참조) 중에서 3개는 이웃 탄소와 연결하고 있다.

그러나 탄소 원자 6개가 어떤 방법으로 수소 원자 6개와 연결되어 있는지 화학구조를 알 수 없었다. 벨기에 대학의 화학교수로 지내던 1865년 어느 날, 이 문제로 고심하던 그는 난로 앞 의자에 앉아 졸고 있었다. 그때 그의 눈앞에 원자들이 빙빙 돌다가 긴 사슬이 되어 뱀처럼 움직였다. 그러다가 뱀 한 마리가 자기의 꼬리를 물고 눈앞에서 돌고 있었다. 꿈에서 깬 정신을 차린 케쿨레는 꿈에서 본 모습에서 힌트를 얻어 거북의 등 무늬를 닮은 6각형의 벤젠의 화학 구조식(그림 참조)을 찾아내게 되었다.

"탄소는 원자가가 4(tetravalent)이며, 고리 형(ring type) 구조식을 가진 유기화합물을 만들 수 있다."

벤젠은 화학공업의 원료와 용제(溶劑) 등으로 그 용도가 매우 많다. 또한 벤젠은 발암물질의 하나로 알려져 있다.

# 91

## 멘델레예프의 원소 주기율 법칙

### - 1869년 / 러시아

1860년대에 이르자, 발견한 원소의 종류가 60가지를 넘어서고, 각 원소에 대한 여러 가지 성질을 알게 되었다. 러시아의 화학자 드미트리 멘델레예프(Dmitri Mendeleev, 1834~1907)는 35세가 된 1869년, 당시까지 알려진 61가지 원소의 원자 무게(오늘날은 '원자량'이라 부름)와 각 원자의 성질에 따라 분류한 간단한 배열표(최초의 원소 주기율표)를 발표하며 이렇게 적었다.

"원소들은 원자의 무게에 따라 주기적인 성질이 있다."

그가 만든 주기율표에는 채우지 못한 빈 공란이 있었다. 이 공란을 두고 그는 "이 빈자리는 아직 찾아내지 못한 원소가 있음을 말해주고 있다."고 했다. 그는 빈자리를 채울 원소 이름을 미리 지었다. '알루미늄', '보론', '실리콘'이라고.

그의 예언대로 1886년까지 갈륨, 스칸듐, 게르마늄이 발견되었으며, 각 원소는 멘델레예프가 예상한 성질을 가지고 있었다. 그의 예언이 맞아

오늘날 화학 교과서나 실험실에 붙어 있는 원소 주기율표는 여러 해를 두고 개정되어 온 것이다. 멘델레예프가 법률상으로 미처 이혼하지 못한 상태에서 새 부인을 맞았을 때, 훌륭한 과학자인 그를 자랑스러워하던 러시아의 알렉산더 2세 황제는 "멘델레예프는 부인이 둘이지만, 나에게 멘델레예프는 한 사람뿐이다."라고 말했다.

들자, 당장 유명한 화학자로 인정받게 되었다. 또한 멘델레예프의 주기율표(Mendeleev's Periodic Table)가 옳다는 것을 믿게 되면서 세계의 화학자들은 발견하지 못한 원소를 경쟁적으로 찾아 나섰다.

1925년에 이르자, 화학자들은 자연계에 존재하는 모든 원소를 발견했다. 나아가 1940년에는 '넵투늄'이라는 인공 원소를 만들기에 이르렀으며, 이후부터 여러 인공원소를 생산하게 되었다. 1955년에 만든 인공 원소는 멘델레예프의 공로를 기념하여 '멘델레븀'이라 부르기로 했다.

주기율표에 나와 있는 1부터 118까지의 번호를 '원자번호'(atomic number)라 하는데, 이는 그 원소의 핵이 가지고 있는 양성자의 수이다. 그리고 원자량(atomic mass = atomic weight)은 각 원소의 원자가 가진 양성자, 중성자, 전자의 무게를 합한 질량이다. 각 원소의 질량은 탄소-12 원자의 질량을 12로 했을 때, 각 원소의 상대 질량을 나타낸다. 2022년 현재 원소의 주기율표를 채우는 원소의 종류는 모두 118가지이다.

# 아레니우스의 이온 해리 이론

## - 1884년 / 스웨덴

순수한 소금(NaCl)과 순수한 물은 중성의 화합물이며, 전류가 통하지 않는 부도체이다. 그러나 소금을 물에 녹이면, 나트륨은 전자를 잃어 나트륨 이온($Na^+$)이 되고, 염소는 이온을 얻어 염소 이온($Cl^-$)으로 되어, 소금물은 전기가 통할 수 있게 된다. 이처럼 양이온과 음이온으로 분리되는 현상을 '이온 해리'(解離)라 하고, 해리되는 화합물은 '이온 화합물'이라 부른다. 그리고 해리에

아레니우스는 화학반응의 속도와 온도와의 관계를 설명하는 '아레니우스 방정식'을 만들기도 했다.

의해 전류가 흐를 수 있게 된 물을 전해질(電解質) 또는 전해액이라 한다.

스웨덴의 물리화학자인 스반테 아레니우스(Svante Arrhenius, 1859~1921)는 이러한 이온 해리 현상의 이론(Arrhenius' Theory of Ionic Dissociation)을 1884년에 처음으로 설명했다.

"소금을 녹인 전해질 속에 전극을 넣으면, 음극으로는 나트륨 이온이 끌려가고, 양극으로는 염소 이온이 끌려간다."

또한 그는 수용액 속에 $H^+$이 있으면 산성 용액이 되고, $OH^-$이 있으면 염기성 용액이 된다고 말했으며, 수소 이온과 수산화 이온이 만나면 중성의 물($H_2O$)이 된다고 설명했다. 그리고 물속에서 일어나는 화학반응은 이러한 이온의 작용이라고 생각했다. 그러나 아레니우스의 산과 염기에 대한 이론은 수용액에 대해서만 한정되어 있었다. 산과 염기에 대한 새로운 개념은 1923년 브뢴스테드 - 로우리(Brensted-Lowry 118항 참조)에 의해 다시 정의되었다.

아레니우스는 오늘날의 물리화학분야를 개척한 과학자 중의 한 사람이며, 그의 해리 이론은 뒷날 전기도금법을 비롯하여 여러 화학 공업에서 응용되고 있다.

# 93

## 상대성 이론을 유도한 마이컬슨-몰리의 실험

### - 1887년 / 미국

수면파(水面波)가 진행하려면 물이 있어야 하고, 소리가 진행하려면 공기가 있어야 한다. 19세기의 과학자들은 빛이 진행하려면 물과 공기처럼 어떤 매개물이 있어야 할 것이라고 가정했다. 당시 과학자들은 빛이 나아가도록 하는 가상의 매개물을 '에테르'(ether)라고 불렀으며, 우주 공간은 진공이 아니라 에테르로 채워져 있을 것이라고 생각했다.

이러한 때에, 미국의 물리학자 앨버트 마이컬슨(Albert Michelson, 1852~1931)과 에드워드 몰리(Edward William Morley, 1838~1923)는 빛의 속도를 매우 정교하게 측정할 수 있는 간섭계(interferometer)라는 장치를 만들어 에테르 설을 확인하려 했다.

지구는 태양 주위를 매초 30km의 속도(빛 속도의 약 1만분의 1)로 공전하고 있으며, 태양은 이보다 더 빠른 속도로 은하계의 중심 주위를 돌고 있다. 그러므로 우주 공간에 에테르가 존재한다면, 에테르의 바람이 불어 빛의 속도에 조금이라도 영향을 줄 것이라고 두 사람은 생각했다.

마이컬슨과 몰리는 1887년, 오하이오주의 클리블랜드에서 간섭계를 사용하여, 두 가닥의 빛을 각각 직각 방향으로 보낸 뒤 빛이 반사되어 오

마이컬슨(왼쪽)과 몰리(오른쪽) 두 과학자는 에테르의 존재를 부정할 수 있는 빛의 속도 측정 실험을 하여, 1907년에 노벨 물리학상을 수상했다. 오늘날에는 레이저를 사용하여 더 정확하게 마이컬슨-몰리의 실험을 할 수 있다.

는 속도를 4일 동안 측정했다. 그러나 두 과학자는 두 방향의 빛은 특별한 차이가 없이 같은 속도로 측정되었다. 그들의 실험은 에테르 설을 증명하지는 못했으나, 그것의 존재를 부정할 수 있는 역사적인 실험이었다.

또한 이 실험을 하는 동안, 지구가 태양쪽으로 돌고 있을 때(아침 때)나, 태양과 멀어지는 쪽으로 돌고 있을 때(저녁 때)나, 빛의 속도에 변화가 없다는 사실을 알게 되었다. 즉 "빛의 속도는 관측자의 상대적 운동과 관계없이 일정하다."는 사실도 알게 되었다. 이러한 실험은 아인슈타인(116항 참조)의 '일반 상대성 이론'이 탄생토록 한 계기가 되었다.

# 전파시대를 연 '헤르츠'의 라디오파 발견

### – 1888년 / 독일

번개가 치거나 형광등을 켜면 라디오에서 잡음이 발생하는 것은, 방전이 일어날 때 전자기파가 발생하기 때문이라는 것을 우리는 알고 있다. 맥스웰은 1884년에 전자기파가 존재한다는 것과, 전자기파가 가진 성질을 나타내는 수식을 발표했다(87항 참조). 그러나 그로부터 4년이 지나도록 전자기파(전파)를 만드는 방법을 아무도 모르고 있었으며, 오늘날과 같은 전파통신시대가 오리라고는 누구도 상상하지 못하고 있었다.

전파의 주파수를 나타내는 단위로 헤르츠(hertz)를 사용한다. 헤르츠는 자기의 발견이 얼마나 중요한 일인지에 대해 처음에는 자신도 알지 못했다.

독일의 물리학자 하인리히 헤르츠(Heinrich Rudolf Hertz, 1857~1894)는 1884년에 오늘날의 전파시대를 열게 한 놀라운 발견을 했다. 그는 카를스루에 공과대학의 젊은 교수였다. 당시 그는 유행하던 실험도구인 유

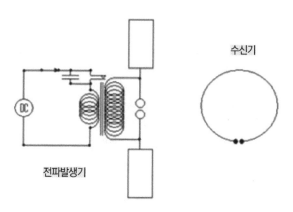

왼쪽은 유도 코일을 이용한 전파 발생기이고, 오른쪽은 루프 형 전파 수신기(최초의 쌍극자 안테나)이다. 전파 발생기에 전류를 흘리면 전극 사이에 방전(spark)이 일어나며 전자기파가 발생한다. 이때 나온 전자기파는 쌍극자 안테나에 수신되어, 양 끝의 청동 구슬 사이에 작은 방전이 발생토록 한다.

도 코일을 이용한 방전기를 만들어, 청동으로 둥글게 만든 전극 틈새에서 방전 불꽃이 튀도록 했다. 그리고 이 방전기로부터 1m 정도 떨어진 위치에 루프 모양으로 만든 장치를 설치했다. 루프의 끝에는 작은 청동 전극을 붙였으며, 두 전극 사이를 아주 가깝게 했다(그림 참조).

헤르츠는 유도 코일에 전류를 흘려줄 때마다, 루프의 두 전극 사이에 푸른색의 작은 방전이 발생하는 것을 보고 매우 놀랐다. 이 실험으로 빛보다 파장이 긴 전자기파의 존재가 증명되었다. 1년 후, 헤르츠는 전파의 속도를 측정하여, 빛의 속도와 같음을 확인했다. 또한 그는 실험을 계속하여 전파는 빛과 마찬가지로 반사도 하고 굴절도 한다는 것을 증명했다. 그가 처음 만든 유도 코일에서 나온 전자기파의 파장은 약 3m였다.

이런 발견을 하고도 헤르츠는 자신이 얼마나 중요한 일을 했는지 알지 못하고 있었다. 그러나 헤르츠의 업적은 이탈리아의 물리학자 굴리엘모 마르코니(Guglielmo marconi, 1874~1937)로 하여금 전선 없이 공중으로 정보를 송수신하는 무선전신을 발명하도록 했다.

오늘날 우리는 전자기파를 최대한 이용하여 온갖 방송 시스템과 우주 공간의 위성과도 연결되는 수백 가지 통신기기를 개발하여 활용하고 있다. 전자기파는 파장에 따라 방송파(중파, 초단파, 단파 등), 적외선, 가시광선, 자외선, X선, 감마선으로 크게 나누고 있다.

# 95

## 화학반응에 대한 르샤틀리에의 원리

### - 1888년 / 프랑스

처음 출발할 때, 한번 슬쩍 밀어주기만 하면, 그 후부터 영구히 움직이는 기계(영구기관)를 만들 수 있는가? 이러한 영구기관(永久機關)을 꿈꾸는 발명가들은 '에너지 보존의 법칙'이 알려지기 이전만 아니라, 지금도 있고, 미래에도 나타날 것이다. 운동하는 기관은 마찰, 공기 저항, 열의 방출 등으로 에너지를 소모한다.

르샤틀리에는 야금술, 시멘트와 유리, 염료, 폭약 등의 분야에서도 권위자였다. 그는 고온을 측정하는 온도계와 아세틸렌 용접 기술을 발명하기도 했다.

프랑스/독일의 화학자인 앙리 루이 르샤틀리에(Hanry Louis Le Chatelier, 1850~1936)는 공업적인 화학물질 생산에 매우 중요한 원리를 1888년에 발표했다. 에너지 보존 법칙과 관계되는 그의 화학반응 원리는 '르샤틀리에의 원리'(Le Chatelier's Principle), 또는 독립적으로 연구하여 같은 원리를 발표한 독일의 물리학자 칼 페르디난트 브라운(Karl Ferdiand Braun, 1850~1918)의 이름과 함께 '르샤틀리에 - 브라운의 원리'라 부른다.

"화학반응에서 반응 조건(온도, 압력, 부피 등)을 변화시키면, 화학반응의 균형을 조절할 수 있다."

예를 들자면, 질소(N)와 수소($H_2$)를 반응시키면 암모니아(NH3)가 된다. 이때의 화학방정식은 양쪽 화살표($\rightleftarrows$)를 사용할 수 있다.

$$질소 + 수소 \rightleftarrows 암모니아$$

이 반응 때, 압력을 높게 하면 암모니아가 더 많이 생산되고, 압력이 낮으면 암모니아가 분해되어 질소와 수소로 된다. 그러므로 이러한 화학반응에서는 압력이라든가 온도를 적절히 조정하면, 생산량은 많고 폐기물은 적게 나오도록 할 수 있다.

# 96

## 교류에 대한 테슬라의 개념
### - 1888년 / 미국

19세기와 20세기 초는 전자기와 관련된 기술이 대단히 빨리 발전하는 시대였다. 1881년에 변압기가 발명되자 전압을 조절할 수 있게 되었고, 1887년부터는 발전소가 건설되어 공장과 가정에 적정한 전압으로 전류를 보내게 되었다. 또한 미국에서는 토머스 에디슨(Thomas Edison, 1847~1931)이 1880년대에 직류 발전기를 발명하였으며, 그는 직류 발전소를 세우고 '에디슨 조명 회사'를 설립하고 있었다.

테슬라는 에디슨과 겨루는 놀라운 발명가였다. 그는 유도 모터, 발전기, 변압기, 콘덴서, 회전날개가 없는 터빈, 자동차의 속도계, 초기 형광등 등을 발명했다. 그가 얻은 특허의 수는 700개를 넘었다. 자력선속(磁力線束) 밀도의 단위로 테슬라(T)를 사용하는 것은 그의 명예이다.

직류(直流 direct current, DC)는 전류가 같은 방향으로만 흐르고, 교류(交流 alternate current, AC)는 전류가 앞뒤로 교대로 흐른다. 발전소에서 생산한 직류를 송전선으로 장거리까지 보내면

도중에 전력 손실이 많았기 때문에 에디슨이 세운 발전소는 문을 닫아야 할 형편이었다.

이런 시기에, 크로아티아(오늘날의)에서 태어나 미국으로 이주한 전기 기술자이며 발명가인 니콜라 테슬라(Nikola Teslar, 1856~1943)는 1888년에 교류 발전기를 발명하고, 고압 전류를 효과적으로 장거리 송전하는 간단하면서도 중요한 방법(Tesla's Concept of Alternating Current)을 처음으로 찾아냈다.

"고압의 전류를 장거리 송전하려면 직류보다 교류로 보내는 것이 훨씬 효과적이다."

당시, 토머스 에디슨은 테슬라의 주장에 대해 강력하게 반발했다. 그러나 테슬라는 사업가인 조지 웨스팅하우스(George Westinghouse, 1846~1914)를 설득하여 나이아가라 폭포에 최초의 교류 발전소를 건설하게 되었다. 1896년 말부터 이 수력발전소는 버펄로와 뉴욕으로 첫 송전을 시작했다. 이 발전소는 1초에 25회 주기(25Hz)로 방향이 바뀌는 전류를 송전했다. 그러나 1950년부터는 60Hz의 교류를 보내게 되었다. 우리나라 발전소의 교류 주파수도 60Hz이다.

# 97

## 전류에 대한 플레밍의 법칙

### - 1890년 / 영국

플레밍은 진공관과 다이오드, 열이온 밸브 등을 발명한 전기기술자이며 물리학자였다.

전선 속으로 전류가 흐르면 그 주변에 직각 방향으로 자기장이 생겨나는 현상을 '패러데이의 전류 유도 법칙'이라 한다(65항 참조).

영국의 물리학자이며 전기기술자인 존 앰브로스 플레밍(John Ambrose Fleming, 1849~1945)은 전기 모터가 회전(운동)하는 방향, 전류가 흐르는 방향 및 자기장 사이의 관계를 왼손 엄지와 둘째, 셋째 손가락을 서로 직각되게 펴서 나타낼 수 있음을 발견했다. 이것을 '플레밍의 왼손 법칙'(Fleming's Left-Hand Rules)이라 하는데, 엄지는 모터의 운동방향, 둘째 손가락은 자기장의 방향, 셋째 손가락은 전류의 방향이다.

또한 플레밍은 발전기에서 생산(유도)되는 전류의 방향과 자기장의 방향, 그리고 발전기의 운동 방향 사이의 관계는 오른손가락 3개를 직각으로 펼쳐 나타낼 수 있음을 발견했다. 이를 '플레밍의 오른손 법칙'(Fleming's Right-Hand Rules)이라 한다.

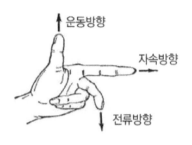

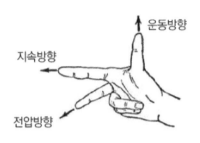

**왼손 법칙**

전기모터의 운동방향은 왼손 법칙으로 설명한다. 왼손의 엄지는 운동방향, 둘째는 자기장의 방향, 중지는 전류가 흐르는 방향이다.

**오른손 법칙**

발전기의 운동방향은 오른손 법칙으로 설명한다. 오른손의 엄지는 운동방향, 둘째는 자기장의 방향, 중지는 전류가 흐르는 방향을 나타낸다.

# 98

## 로렌츠-피츠제럴드의 수축
- 1894년 / 아일랜드, 1904년 / 네덜란드

네덜란드의 물리학자 로렌츠는 '짐만 효과'(Zeeman effect)에 대한 연구로 1902년에 노벨 물리학상을 수상했다.

1880년대에 마이컬슨과 몰리는 빛의 속도를 측정한 결과, 관측자가 정지하고 있거나 이동하고 있거나 간에, 관측자의 상대적 운동과 관계없이 빛의 속도는 일정하다는 사실을 실험으로 증명했다(93항 참조).

1894년, 아일랜드 더블린 트리니티 대학의 물리학자 조지 피츠제럴드(George Fitz Gerald, 1851~1901)는 "빠른 속도로 이동하는 물체는 운동 방향으로 약간 수축한다."고 발표했다. 그로부터 10년 후인 1904년에는 네덜란드의 물리학자 헨드릭 로렌츠(Hendrik Lorentz, 1853~1928)도 이 문제를 독자적으로 원자적인 관점에서 연구하여 일련의 방정식을 발표했다. 그의 방정식에 따르면, "길이 100m의 물체가 광속의 80%인 초속 240,000㎞

의 속도로 간다면, 그 길이가 60m로 줄
어들어 보일 것이다."라고 했다.

'로렌츠-피츠제럴드의 수축'(Lorentz-
Fitz Gerald Contraction)으로 알려진 이
러한 발표가 있은 뒤 1년 후, 앨버트 아
인슈타인도 그의 특수 상대성 이론으로
부터 독립적으로 로렌츠의 방정식을 유
도해냈다.

빠른 속도로 운동하는 물체는
운동 방향으로 길이가 축소할
것이라는 피츠제럴드의 제안
은 알베르트 아인슈타인의 특
수 상대성 이론(1905년 발표)
의 중요 내용 중 하나이다.

# 99

## 오스트발트의 촉매작용의 원리

### - 1894년 / 독일

화학반응이 빨리 일어나게 하거나 느리게 진행되도록 작용하는 물질을 촉매(觸媒, catalyst)라 하고, 이러한 화학작용을 촉매작용(catalysis)이라 한다. 화학의 역사에서 촉매라는 용어를 처음 사용한 사람은 옌스 야코브 베르셀리우스(72항 참조)이다. 독일의 화학자 프리드리히 빌헬름 오스트발트(Friedrich Wilhelm Ostwald, 1853~1932)는 1894년에 촉매작용에 대한 중요한 정의를 했다.

오스트발트는 생물체의 몸에서 촉매작용을 하는 효소에 대한 연구로 1909년 노벨 화학상을 수상했다.

"촉매는 화학반응의 속도를 조절할 수 있다. 그러나 그 자신은 화학반응에 참여하지 않는다."

생물의 세포 속에서는 온갖 화학반응이 끊임없이 일어나고 있다. 만일 세포 속의 화학반응에 촉매 현상이 없다면 생물은 생존이 불가능하다. 생체 속에서 촉매작용을 하는 물질을 특별히 '효소'(enzyme)라 부른다. 오스트발트는 효소들의 촉매작용에 대한 원리(Ostwald's Principle of Catalysis)를 처음으로 증명한 과학자이다.

인체는 수천 가지 효소를 가지고 있다. 대표적인 예로 전분을 분해시키는 침 속에 포함된 아밀레이스(amylase)를 들 수 있다. 이 효소 덕분에 전분은 빨리 당분으로 분해될 수 있다. 또한 자동차 엔진에 부착된 촉매변환기(catalytic converter)에서는 백금이나 팔라듐, 로듐 등의 촉매가 연소율(燃燒率)을 높이고, 엔진에서 발생하는 일산화탄소나 산화질소와 같은 공해물질을 이산화탄소, 물, 질소 등 무공해 물질로 변환시키는 작용을 한다.

# 100

## 뢴트겐의 X-선 발견
### - 1895년 / 독일

엑스선을 발견한 뢴트겐은 엑스선에 대한 특허나 금전적인 이득을 취하지 않았다. 그는 노벨상 원년인 1901년에 노벨 물리학상을 수상했다.

전자기파는 파장(波長)에 따라 방송파(장파, 중파, 단파, 극초단파 등), 적외선, 가시광선, 자외선, 엑스선, 감마선으로 크게 나누기도 한다. 독일의 물리학자 빌헬름 콘라트 뢴트겐(Wilhelm Conrad Röntgen, 1845~1923)은 1895년에 엑스선을 발견했다. 그 이전까지는 이처럼 투과력이 강한 전자기파가 있다는 것을 생각지 못하고 있었다.

엑스선이 발견되면서 현대 물리학과 의학 발전에 대변화가 일어났다. 엑스선은 강한 침투력을 가진 복사선이므로, 생물의 조직에 쪼이면 심각한 손상을 일으킬 수 있다. 엑스선은 X-radiation, X-ray, Röntgen ray 등으로 불리며, 자외선보다 파장이 짧다(파장 10~0.01나노미터).

뢴트겐은 진공관의 일종인 크룩스관(Crooke's tube)을 고압의 전류로 실험하던 중에, 바륨 플레티노시아나이드 스크린(barium platinocyanide screen)에 자기의 손 뼈 그림자가 얼핏 비치는 것을 발견했다. 그는 실험을 계속하여 크룩스관에서 나오는 미지의 방사선이 두꺼운 종이, 목재, 알루미늄 등을 투과할 수 있으며, 사진건판을 감광시킨다는 사실을 발견했다.

그는 이러한 발견을 부인에게도 말하지 않고 실험을 계속하여 1896년에 연구 결과를 강연 형식으로 발표했다. 강연장에서 그는 실험대에 오른 여든 살의 생물학자 케리커의 주름진 손을 찍은 뼈 사진을 보여주어 사람들을 놀라게 했다.

그러나 강력한 투과력을 가진 이 빛의 성질에 대해 확실히 알지 못했기 때문에 그는 의문의 뜻으로 'X-ray'라고 불렀다. 새로운 빛의 발견이 세상에 알려지자, 어떤 신문에서는 "엑스선으로 집을 비추면 방안의 모습도 볼 수 있을 것이다."는 내용의 글을 싣기도 했다. 그러나 이런 공상은 곧 사라지고, 몇 달 뒤부터 엑스선은 의학 진단에 이용되기 시작했다.

# 101

## 온실 효과 이론
### - 1896년 스웨덴

‘온실효과’는 오늘날 뉴스 보도에 자주 등장하는 전 지구인이 걱정하는 지구 환경 문제의 하나이다. 스웨덴의 물리화학자 스반테 아레니우스(Svante Arrhenius, 1859~1927)는 ‘온실 효과 이론’(Greenhouse Effect Theory)을 100년도 더 이전인 1896년에 맨 처음 주장했다.

“이산화탄소, 산화질소, 메탄, 오존 그리고 플루오르화탄소와 같은 기체는 열을 잘 흡수하기 때문에, 대기 중에 포함되는 양이 증가하면 지구의 기온이 상승할 것이다.”

아레니우스가 이러한 ‘온실 효과’를 발표하고 1세기가 지나자, 세계는 온실 효과에 의한 지구 온난화(global warming) 때문에 위기가 닥쳐오고 있음을 알게 되어, UN을 비롯하여 모든 나라가 대책을 세우는 노력을 적극 하고 있다.

지구의 기온이 일정하게 유지되는 것은 태양으로부터 오는 적외선 에너지를 공기층이 흡수하기도 하고 반사하기도 하기 때문이다. 공기 중의 수증기는 태양 에너지를 가장 많이 보존하는 역할을 한다. 그런데 공기 성분의 대부분을 차지하는 질소나 산소와 달리, 이산화탄소와 메탄, 오존과 같은 기체는 적외선 파장의 에너지를 잘 흡수하여 온도를 보존하는 성질이 있다.

공장과 자동차 등에서 배출되는 이산화탄소의 양은 증가하고, 열대지방의 산림이 파괴되면서 광합성에 의한 이산화탄소의 소비량이 감소하자, 대기 중의 이산화탄소 양이 점점 많아지게 되었다. 하와이섬의

빙하가 녹아내리고 있다. 온실 효과 이론을 발표한 아레니우스는 산과 염기의 이온에 대해 처음으로 이론을 세운 스웨덴의 이름난 물리화학자이기도 하다(92항 참조).

모우나 로아(Maouna Loa) 화산에 있는 관측소의 조사에 따르면, 1960년에는 대기 중의 이산화탄소 농도가 313ᴾᴾᴹ(0.0313%)이었으나, 2022년에는 421(0.0421%)까지 증가해 있었다.

가축의 분뇨가 분해될 때는 많은 양의 메탄가스가 발생한다. 이러한 온실 가스(greenhouse gas)의 양이 조금씩 증가함에 따라 지구의 평균 기온이 오르자, 남북극 지역의 빙하와 빙산이 대규모로 녹아 해수면이 높아

지고, 태풍과 홍수, 폭설, 한발 등의 기상 변화가 심각해지고 있다.

온실 속이 따뜻해지는 이유는, 태양 에너지를 받아 따뜻해진 내부의 온도가 외부 공기와 대류되지 않기 때문이다. 그러므로 온실 가스 증가에 의한 온난화 현상을 '온실 효과'라고 말한 것은 적절한 표현이 아니었지만, 오늘날 그대로 통용되고 있다.

# 톰슨의 원자 모델
## - 1897년 / 영국

  존 돌턴(John Dalton)은 1808년에 '모든 물질을 구성하는 가장 기본 단위가 원자'라고 하는 원자설을 발표했다(54항 참조). 영국의 물리학자인 윌리엄 크룩스(William Crookes, 1832~1919)는 1870년대 초에 크룩스관이라 불리는 진공관의 일종인 음극선관(cathode ray tube)을 발명했다. 내부가 진공인 유리로 만든 크룩스관의 음극에 고압의 전류를 걸면, 음극에서 양극 쪽으로 음극선(전자의 흐름)이 흐른다. 뢴트겐은 이 크룩스관 실험을 하던 중, 1895년에 엑스선을 발견했다(100항 참조).

  1886년 독일의 물리학자 유겐 골드스타인(Eugen Goldstein, 1850~1931)은 음극선관에서는 음극선만 아니라 양전하를 가진 입자도 방출된다는 사실을 발견했다. 그래서 이 입자에는 양성자(proton)라는 이름이 붙여졌다. 그다음 해, 영국의 물리학자 조지프

영국의 물리학자 톰슨은 전자와 동위원소를 발견했으며, '질량분석계'라는 실험장치도 발명했다. 그는 1906년에 노벨 물리학상을 받았다.

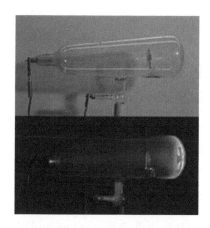

존 톰슨(Joseph John Thomson, 1856~1940)은 '음극선은 음전하를 가진 입자의 흐름'이라고 결론을 지었다.

이어 1897년, J. J. 톰슨은 "원자는 양 전하를 가진 양성자와, 양성자의 전하를 중화시킬 정도의 음전하를 가진 입자로 이루어져 있다."는 원자 모형(Thomson's Model of Atom)을 처음으로 발표했다. 훗날 음전하를 가진 입자

크룩스관의 음극에 고압 전류를 걸면 음극선(전자)이 나와 양극 쪽으로 흐른다. 십자로 된 금속을 앞에 놓으면 음극선의 그림자가 생긴다.

는 전자(電子 electron)라고 부르게 되었다. 1909년에는 전자의 질량이 양성자의 1837분의 1이라는 것도 알려졌다(110항 참조). 그리고 전류는 도체 속으로 전자가 흐르는 것임을 알게 되었다.

톰슨이 처음 제안한 원자의 모형은 그의 제자였던 어니스트 러더퍼드(Ernest Rutherford)가 1911년에 내놓은 훨씬 발전된 모델로 대체되었다(113항 참조).

# 1◑3

## ABO 혈액형을 밝힌 란트슈타이너

### - 1897년 / 오스트리아

사람들은 혈액형과 성격과의 관계라든가 수혈(輸血)에 대한 이야기를 나눈다. 모든 사람은 A, B, AB, O 4가지 혈액 그룹(blood groups) 중에 어느 하나에 속하는 혈액형을 가지고 있다. 이러한 혈액형을 처음 발견한 사람은 오스트리아의 비엔나 대학에서 의학을 공부한 카를 란트슈타이너(Karl Landsteiner, 1868~1943)이다. 그는 오늘날 '면역학의 아버지'로 불리기도 한다.

혈액형이 알려지기 전에는 전쟁터나 병원에서 수혈을 잘못하여 많은 사람이 죽고 있었다. 란트슈타이너는 수혈에 의한 사망 원인이 사람에 따라 혈액형에 차이가 있기 때문일 것이라고 생각하고, 연구 끝에 혈액 속에 응집소(agglutinin)가 있는지 없는지에 따라 혈액형이 달라진다는 사실

란트슈타이너는 1909년에 오스트리아의 의학자 에르빈 포퍼(Erwin Popper, 1879 ~1955)와 함께 소아마비 바이러스를 발견하기도 했다. 그는 ABO 혈액형 발견과 면역학 발전에 미친 업적으로 1930년 노벨 의학상을 수상했다.

을 1901년에 밝혀냈다. 이 사실이 알려진 이후 전쟁터에서 부상을 입은 사람이나 출혈이 심한 환자에게 안전하게 수혈하여 많은 생명을 구할 수 있게 되었다.

적혈구 세포의 표면에는 사람에 따라 어떤 항원(抗原 antigen)이 있기도 하고 없기도 하다. 그리고 혈장(血漿 : 혈구를 제외한 액상 성분)에는 그 항원에 대항하는 어떤 항체(抗體 antibody)가 있기도 하고 없기도 하다. 수혈을 했을 때, A항원과 A항체, B항원과 B항체가 만나면 혈액은 응고현상을 일으키므로 수혈하지 못한다. 각 혈액형은 아래와 같이 항원과 항체를 가지고 있다.

A혈액형 : A항원, B항체를 가짐  – A형과 AB형에 수혈 가능

B혈액형 : B항원, A항체를 가짐  – B형과 AB형에 수혈 가능

AB혈액형 : A 및 B항원 가짐, 항체 없음 – AB형에만 수혈 가능

O혈액형 : 항원 없음, A 및 B항체를 가짐 – A, B, AB, O형 모두에게
　　　　　　수혈 가능

## 폴로늄과 라듐을 발견한 퀴리 부부

### - 1898, 1902년 / 프랑스

폴란드에서 태어나 24세 때 프랑스 시민이 된 마리 퀴리(Marie Curie, 1867~1934)는 노벨상을 두 차례 수상한 유일한 여성 과학자이다. 마리 퀴리는 1895년에 프랑스의 물리학자 피에르 퀴리(Pierre Curie, 1859~1906)와 결혼했다. 퀴리 부부는 일생을 함께 연구실에서 지냈으며, 1903년에는 부부가 함께 노벨 물리학상을 수상했다.

1896년 프랑스의 물리학자 헨리 베크렐(Henri Becquerel, 1852~1908)은 우라늄을 함유하고 있는 연한 갈색의 천연 암석인 피치블렌드를 검은 종이로 싸서 사진 건판 위에 우연히 놓아두었다. 그는 실수로 그 건판을 현상까지 했고, 놀랍게도 거기에 피치블렌드의 영상이 나타난 것을 발견

마리 퀴리는 실험 동안 방사선을 많이 쪼인 탓으로 백혈병이 발병하여 66세에 세상을 떠났다. 퀴리 부부의 딸 이렌 퀴리(Irene Curie, 1897~1956)는 인공방사성물질에 대한 연구로 1935년에 노벨 화학상을 받았다.

피에르 퀴리는 1880년에 수정(水晶 crystal)과 같은 세라믹에 압력을 주면 전류가 발생한다는 '피에조 효과'(또는 압전 효과)를 발견했으며, 이 현상을 이용한 '수정발진기'(crystal oscillator)는 거의 모든 디지털 전자 회로에 사용되고 있다.

했다. 베크렐은 신기하게 여겨 다시 실험을 한 결과, 피치블렌드에서 눈에 보이지 않는 방사선이 방출된다는 사실을 발견했다. 그러나 그는 이 방사선이 무엇인지 알 수 없었다.

베크렐의 이러한 발견을 알게 된 마리 퀴리는 큰 관심을 가지고 피치블렌드를 조사한 결과, 피치블렌드에 함유된 우라늄의 무게에 비례하여 방사선의 양도 증가한다는 사실을 발견했다. 그리고 그녀는 피치블렌드에 우라늄 외에 다른 방사성 원소가 포함되어 있을 것이라고 확신했다. 이후부터 남편 피에르 퀴리도 부인과 함께 새로운 원소를 찾는 실험을 하게 되었다.

그들의 실험은 말할 수 없이 어려운 일이었다. 그들은 온갖 방법으로 실험 장치를 고안하여 4년 동안 6톤의 피치블렌드를 물리 화학적으로 처리하여 겨우 몇 밀리그램의 두 가지 새로운 원소를 추출해냈다. 애국심이 남다른 퀴리는 고국 폴란드를 생각하여 첫 번째 물질은 '폴로늄'(polonium)이라 부르고, 두 번째 물질은 라듐(radium : ray 빛이라는 의미)이라는 이름을 붙였다. 그리고 이러한 물질의 방사 현상을 '방사성'(radioactivity)이라 했다.

1903년 마리와 피에르 그리고 헨리 베크렐 3인은 방사성 현상에 대한 연구 공적으로 노벨 물리학상을 공동 수상했다. 그리고 1911년에는 마리 퀴리 혼자 폴로늄과 라듐의 발견에 대한 공로로 노벨 화학상을 받게 되었다. 마리 퀴리는 위대한 과학자인 동시에 여성이었다. 라듐에서 나오는 방사선은 곧 의학에서 암 치료에 이용되기 시작했다. 그러나 퀴리는 라듐에 대한 특허권을 갖는 것을 거부하고 인류를 위해 자유롭게 사용하게끔 했다.

## 막스 플랑크의 양자 이론
### - 1900년 / 독일

막스 플랑크의 양자 이론은 양자
물리학, 양자 역학을 탄생시켰으
며, 그의 이론에 영향을 받아 아인
슈타인은 광전효과(106항 참조)
를 발견했다.

20세기 초, 일부 과학자들은 물질의
기본 성질을 이해하려는 '양자 이론'(量子理
論, quantum theory)을 연구하기 시작했다.
양자 이론은 고전물리학으로 설명할 수 없
는 '물질과 복사'(matter and radiation)의
관계에 대해 연구하면서 시작되었다. 특히
물리학에서는 그간의 물리학 이론(고전 물
리학)으로 설명할 수 없는 '빛의 성질'이 큰
수수께끼였다. 빛이 가진 여러 성질에 대해
서는 어떻게도 설명할 수 없었던 것이다.

예를 들어 태양의 빛(에너지)은 연속
적인 것인가 비연속적인 것인가? 독일
의 물리학자 막스 플랑크(Max Planck,
1858~1947)는 이 문제에 가장 먼저 접근하여, 빛에너지는 비연속적인
것이라 생각하고, 빛에너지의 최소 단위를 양자(量子 quantum, 복수는

quanta)라고 했다. 막스 플랑크는 1900년에 '한 개의 양자[오늘날에는 광자(光子, photon)로 부름]가 가진 에너지(E)는

$$E = hf$$

라고 했다. 여기서 f는 복사선(전자파)의 주파수이고, h는 상수(플랑크 상수)이다. 플랑크 상수의 값은 $6.63 \times 10^{-34}$줄/초이다.

막스 플랑크의 양자 이론(Quantum Theory of Max Planck)은 곧 다른 과학자들도 인정했으며, 1905년에는 아인슈타인이 이 이론을 응용하여 광전효과(光電效果 photoelectric effect, 106항 참조)를 발표했고, 닐스 보어는 1913년에 원자의 양자 모델(115항 참조)을 내놓았다. 이러한 연구의 개척자로 막스 플랑크는 1918년 노벨 물리학상을 수상했다.

막스 플랑크는 반 나치주의자였지만, 고령 때문에 히틀러에 대항하지 못하고 있었다. 그는 히틀러 정권 아래에서 카이저 - 빌헬름 연구소(오늘날의 막스 플랑크 연구소)의 소장으로 지냈다. 그는 죽기 몇 달 전, 유대계 친구들에게 자신의 유감스런 그간의 사정을 편지로 보냈다. 그러나 평소 그와 친했던 아인슈타인은 히틀러에 강력하게 항거하지 못한 플랑크를 용서하지 못하고 그와 접촉하지 않았다.

## 아인슈타인의 광전 효과

– 1905년 / 스위스

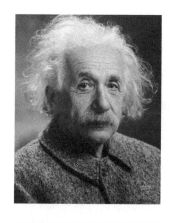

광자를 흡수한 물질에서 전자(광전자)가 방출되는 현상을 광전효과라고 한다. 아인슈타인은 광전효과를 이론화하여 1921년 노벨상을 수상했다.

물질(금속 비금속, 고체 액체 기체 불문)에 파장이 짧은 전자파(가시광선이나 자외선)를 쪼이면, 에너지를 흡수하여 그 물질에서 전자가 방출된다. 이러한 현상을 광전 효과(photoelectric effect)라 하고, 광전 효과에 의해 방출되는 전자를 광전자(photoelectron)라 부른다. 물질에 에너지를 주면 광자가 방출되는 현상을 발견함에 따라, 빛은 파동이며 입자라는 '입자 파동 이중성'(wave-particle duality)이 알려지게 되었다.

오늘날 대체 에너지의 하나로 이용되는 태양전지는 바로 이 광전효과를 이용한 것이다. 많은 과학자들은 적은 에너지를 받아도 많은 전류가 생산되는 물질 개발을 경쟁적으로 하고 있다. 광전효과는 광다이오드, 광 트랜지스터, 영상 센서, 야간경(夜間鏡) 등의 전자장치에도 이용되고 있다.

알베르트 아인슈타인(Albert Einstein, 1879~1955)은 막스 플랑크의 양자 이론(105항 참조)을 기초로 하여, '빛은 광자(입자)의 흐름'이라고 생각하여, 빛의 양자(light quanta)를 흡수함으로써 광전 효과가 나타난다고 믿고, 양자가 가진 에너지의 최소 단위를 '양자'(quantum)라고 했다. 그는 양자의 에너지를 계산하여, 빛의 주파수에 일정한 상수(이를 '플랑크 상수'라 함)를 곱한 것($E = h\nu$)이라고 이론화했다.

아인슈타인의 광전 효과(Photoelectric Effect of Einstein)는 하인리히 헤르츠가 1887년에 처음 관찰했기 때문에 '헤르츠 효과'(Hertz effect)라 말하기도 한다. 아인슈타인은 이 광전 효과에 대한 연구로 1921년 노벨 물리학상을 수상했다.

## 파블로프의 조건반사 이론
### - 1900년경 / 러시아

파블로프는 러시아의 공산주의를 싫어했다. 그러나 과학자로서의 높은 명성 때문에 추방되지 않고 죽을 때까지 소화에 대한 연구를 계속할 수 있었다.

신 음식을 먹으면 입에 침이 고인다. 이 경우 침이 나오는 것은 태어날 때부터 가진 생리적 반사행동이다. 먼지가 날아들면 자신도 모르게 눈을 감게 되고, 뜨거운 것이 손에 닿으면, 위험을 생각하기도 전에 피한다. 이러한 행동은 자극에 대해서 무의식적으로 반응하는 타고난 생리적 반응이다. 이런 행동은 무조건 반사(unconditional response)라고 한다.

러시아의 생리학자 이반 페트로비치 파블로프(Ivan Petrovich Pavlov, 1849~1936)는 1890년대부터 개의 소화 기능에 대해 장기간 연구하고 있었다. 개들은 입에 음식이 들어가야 침을 흘린다. 그의 조사에 의하면, 개는 침을 흘려야 뇌가 소화 작용을 시작하도록 지시하는 것으로 판단되었다.

파블로프는 개의 소화 작용에 대해 많은 사실을 밝혀냈지만, 특히 그를 유명하게 만든 실험이 있다. 그는 개에게 음식을 주기 직전에 메트로놈 소리를 들려주기를 몇 차례 진행했다. 그러자 그다음에는 메트로놈 소리만 들으면 개들은 음식이 없는데도 침을 흘리기 시작했다. 이러한 생리 현상을 발견하고, 파블로프는 이를 '조건반사'(conditional reflex)라고 했다. 파블로프는 개의 소화에 대한 생리학적 연구 업적과 조건반사 이론(Pavlov's Theory of Conditioned Reflexes)으로 1904년에 노벨 생리의학상을 수상했다.

사람들은 식초나 석류와 같은 신 음식을 경험하고 나면, 나중에는 신 음식 말만 들어도 침이 흐르는 현상이 나타난다. 이때 소리만 듣고 침을 흘리는 것은, 선천적으로 타고난 행동이 아니기 때문에 조건반사에 속하는 반응이다. 신경과 뇌와 반사행동과의 관계는 매우 복잡하다.

# 108

## 아인슈타인의 특수 상대성 이론

### - 1905년 / 스위스

알베르트 아인슈타인(Albert Einstein, 1879~1955)이 「물체의 전기역학에 대하여」라는 논문을 통해 '특수 상대성 이론'(Special Theory of Relativity)을 발표했을 때는, 그의 나이 26세이던 1905년이다. 당시 그는 스위스의 특허청에서 사무원으로 일하고 있었으며, 이 이론을 발표하고 한동안은 실험적으로 증명되지 않아 큰 관심을 끌지 못했다.

아인슈타인의 이 이론은 전자기파가 뉴턴의 운동 법칙에 맞지 않는 것을 설명하기 위해 연구된 것이며, 일반적인 개념으로는 이해하기 어렵다. 이 이론에서는 "진공 속의 빛의 속도는 관측자의 운동 속도와 관계없이 일정하다."고 설명한다. 또한 "시간은 절대량(absolute quantity)이 아니다."라고 말한다. 즉 "우리가 측정하는 시간은 관측자의 운동에 영향을 받는다. 시계가

아인슈타인의 상대성 이론은 시간, 길이, 질량, 속력, 물질, 에너지, 중력 등에 대한 매우 흥미로운 공상과학소설을 탄생시키고 있다.

가는 속도는 관측자의 운동에 따라(상대적으로) 다르다. 시계로부터 멀어지면서 그 시계를 보면, 자기가 차고 있는 시계보다 느리게 가는 것으로 관찰될 것이다."고 한다.

이 이론은 "운동하는 물체의 속도가 빨라지면 질량이 증가한다. 만일 빛의 속도에 이른다면, 그 물체의 질량은 무한대가 될 것이며, 그래서 어떤 것도 빛보다 빠를 수 없다."고 설명한다. 이론상으로, 빛에 가까운 속도로 센타우리(태양 다음으로 가까운 켄타우루스자리의 항성)까지 왕복하면 지구의 달력으로 약 9년이 걸릴 것이다. 그러나 상대적인 시간 흐름 때문에, 지구로 귀환한 우주비행사는 수십 년이 지난 것을 알게 된다. 이런 것을 우주비행사는 알지 못한다. 우주비행사의 입장에서 볼 때, 우주선은 정지해 있고 지구가 광속으로 운동하여 시간이 느리게 간 것이다.

'상대성 이론'이란 말은 막스 플랑크가 1908년에 처음 적용한 용어이며, '특수 상대성 이론'의 '특수'라는 말도 상대성 이론이 보다 특수하다고 하여 후에 붙여진 것이다. 상대성 이론을 처음 말한 과학자는 갈릴레오이다. 갈릴레오는 1632년에 쓴 논문에서 "전혀 흔들리지 않으면서 일정한 속도로 달리는 배의 갑판 밑에 있는 사람에게는 배가 전혀 운동하지 않는다."고 하면서, 이 기본적 이론을 상대성 원리(principle of relativity)라고 표현했다. 우리는 1초에 30㎞를 운동하는 지구상에 살면서도 자신이 운동하고 있는 것을 모른다.

# 109

## 아인슈타인의 에너지 공식 E = mc²

### - 1905년 / 스위스

1945년에 일본 나가사키에 투하된 원자폭탄의 구름이 지상 18,000m 높이까지 솟아오르고 있다.

알베르트 아인슈타인(Albert Einstein, 1879~1955)은 1905년에 과학 방정식 가운데 가장 유명한 '물질이 가진 에너지에 대한 공식'을 발표했다.

여러 세기 동안 과학자들은 물질과 에너지는 별개의 것이라고 생각했다. 그럴 때 아인슈타인은 "물체가 가진 에너지(E)는 물체의 질량(m)에 빛의 속도(c) 제곱 값을 곱한 것이다."라는 공식을 발표하면서, "조건이 주어지면 물질과 에너지는 서로 바뀔 수 있다."고 했다. 이 위대한 공식은 그의 특수 상대성 이론(108항 참조)에서 비롯된 것이다.

E=mc²에서 E의 에너지는 줄(joule)이고, 질량 m은 킬로그램이며, c는 빛의 초속을 미터로 나타낸다. 그러므로

물질 1kg = 1 × 300,000,000 × 300,000,000 joule이며,

이것은 TNT 20,000,000톤의 에너지에 해당한다.

히로시마에 투하된 원자폭탄은 TNT 15,000톤의 위력이었다.

이 공식을 처음 생각한 아인슈타인은 한동안 이 공식의 사실 여부에 대해 확신을 갖지 못하기도 했다. 그러나 히로시마와 나가사키의 원자폭탄은 이 공식의 진실을 증명했다. 그리고 이날로부터 원자력시대가 열리게 되었다.

## 전자를 측정한 밀리컨의 유적 실험

### - 1909년 / 미국

전자는 핵의 둘레를 돌고 있으며, 전류는 전자들이 흐르는 것이다. 각 원소의 원자가 가진 전자의 수는 핵을 이루는 양성자의 수와 같다. 1개의 전자가 가진 전하(電荷 electric charge)는 어느 정도일까? 미국의 물리학자 로버트 밀리컨(Robert Millikan, 1868~1953)은 작은 상자에 현미경을 붙인 기발한 실험 장치를 사용하여 전자의 전하를 측정하는 데 처음으로 성공했다.

전자의 전하와 무게를 측정한 밀리컨은 미국 물리학회 회장도 역임했으며, 신앙심이 깊어, "창조주는 지금도 물질을 창조하고 있다."는 사상을 믿었다.

실험장치의 상자 속으로 안개처럼 미세한 기름방울을 분무기로 분사하면, 기름방울은 중력에 의해 바닥으로 떨어진다. 이때 기름방울은 분무기의 벽과 마찰하여 대전(帶電)하게 된다. 상자의 내부에 전극을 장치하여 높은 전압을 걸면, 기름방울은 전극의 영향으로 공중에 뜬 상태로 바닥으로 천천히 내려온다.

밀리컨은 이런 기름방울을 현미경으로 관찰하면서 크고 작은 기름방울이 가진 전자의 전하를 측정한 결과, 그 값이 약 $1.6 \times 10^{-19}$ 쿨롱의 정수배(正數倍)라는 것을 알게 되었다. 기름방울을 이용한 이 실험(Millikan's Oil-Drop Experiment)으로 밀리컨은, 이 값이 전자 1개가 가진 전하(기본 전하)라고 발표했다. 그의 실험은 다른 과학자들에 의해 곧 증명되었다. 이 실험을 하는 동안에 밀리컨은 전자의 무게가 양성자의 1837분의 1이라고 계산했다. 이것을 무게(전자 1개의 무게)로 환산하면 $9.1 \times 10^{-31}$kg이다.

밀리컨은 이 실험의 성공으로 1923년, 미국의 물리학자로는 마이컬슨(1907년 수상, 93항 참조)에 이어 두 번째로 노벨 물리학상을 수상했다.

# 111

## 산과 염기의 산도를 규정한 쇠렌센

### - 1909년 / 덴마크

산성(酸性, acidity)과 염기성(鹽基性, alkalinity), 즉 물에 녹아 있는 수소 이온의 농도를 나타내는 산도(酸度, pH Scale)는 화학, 생리학, 의학 등에서 매우 중요한 개념이다. 산도를 영어로 pH라고 나타내는 것은 'power of hydrogen'을 의미한다. pH를 어떤 경우 '페하'라고 발음하는 것은 독일식 발음에서 온 것이다.

덴마크의 화학자 쇠렌센은 산성과 알칼리성의 정도를 나타내는 pH 개념을 처음 제안했다.

"산성이 가장 강한 용액은 산도가 0이고, 알칼리성(염기성)이 가장 강한 용액은 산도가 14이다. 그 중간인 7은 중성(中性) 용액이고, 산도가 7보다 적은 수치이면 산성, 7보다 크면 알칼리성이다."

덴마크의 화학자 쇠렌 피터 쇠렌센 (SØren Peter SØrensen, 1868~1937)은 산과 알칼리의 척도(尺度, scale)를 나타내는 pH 개념을 1909년에 처음 창안했다(산과 염기에 대한 개념은 119항 '브뢴스테드 - 로우리'의 개념을 참고).

pH 수치는 물에 녹아 있는 수소 이온($H^+$)의 농도를 로그(logarithm)의 역수로 나타낸 것이다. 예를 들어 컵에 담긴 맥주의 pH가 4라면, 수소 이온의 농도(활동도)는 $10^{-4}$mol/L이고, 바닷물의 pH가 8.2라면 수소 이온 농도는 $10^{-8.2}$mol/L이다.

일반적으로 수소이온은 $H^+$로 표시한다. 즉,

$$H_2O \rightarrow H^+ + OH^-$$

그러나 수소 원자는 양성자 1개와 전자 1개로 이루어져 있음으로, 수소 원자에서 전자만 떨어져 나온다면 양성자만 남게 되는데, 양성자가 홀로 남는 이런 현상은 실제로 일어나지 않는다. 그러므로 '수소 이온'이라고 말하는 것은 $H_3O^+$ 상태를 말한다. 즉,

$$2H_2O \rightarrow H_3O^+ + OH^-$$

상태이며, $H_3O^+$는 '하이드로늄 이온'(hydronium ion)이라 한다.

중요 물질의 산도

| 순수한 물 | 7.0 | 일반 식수 | 6.3~6.6 |
|---|---|---|---|
| 배터리 용액 | 0.1~0.3 | 바닷물 | 7.8~8.3 |
| 위산(胃酸) | 1.0~3.0 | 사이다 | 2.5~3.5 |
| 식초 | 2.4~3.4 | 암모니아 | 10.6~11.6 |
| 좋은 토양 | 6.0~7.0 | 배수관 청소 용액 | 14 |

# 112

## 초전도 현상
– 1911년 / 네덜란드

매우 낮은 온도가 되면, 어떤 도체는 저항 없이 전류가 흐르게 되어, 에너지의 소실이 없게 된다. 이런 성질을 가진 물질을 초전도체(superconductor)라 하며, 오늘날 초전도체는 새로운 기술에 응용되고 있다.

네덜란드의 물리학자 헤이커 카메를링 오너스(Heike Kamelingh Onnes, 1853~1926)는 냉동기술의 선구자이다. 그는 매우 낮은 온도에서는 물질의 성질이 어떻게 달라지는지 연구하고 있었다. 1911년, 헬륨의 온도를 계속 내려 절대온도(영하 273도, 79항 참조) 가까이 내렸을 때, 수은이나 납, 아연과 같은 물질의 전기 저항이 갑자기 사라지는 초전도(超電導) 현상을 발견했다. 그는 이러한 초전도 현상을 발견하여 1913년에 노벨 물리학상을 받았다.

오너스는 저온물리학 발전의 선구자 중 한 사람이다. 오늘날에는 영하 135도에서 초전도 현상을 나타내는 물질도 발견했다.

오늘날 과학자들은 원소들 가운데 24가지와 다른 수백 가지 물질의 온도를 극저온으로 내리면 초전도현상을 나타낸다는 것을 알고 있다. 초저온은 헬륨을 사용해야 얻을 수 있는데, 헬륨은 구하기 어렵고 값이 비싸 1986년까지만 해도 초전도에 대한 연구는 크게 진전되지 못하고 있었다. 그러다가 적은 비용으로 쉽게 만들 수 있는 액체질소의 온도인 영하 195도만 되어도 초전도 현상을 나타내는 물질(금속성 세라믹)들을 발견하게 되었다. 구리와 은은 전기가 잘 통하지만, 순수한 상태가 아니면 절대온도가 되어도 저항이 남아 있다.

초저온을 응용한 기술 가운데 오늘날 가장 잘 이용되고 있는 것은 MRI(Magnetic Resonance Imaging)라고 부르는 자기 공명 영상 촬영 장치이다. 이 MRI는 초강력 전자석(초전도자석)을 이용하여 인체 내부의 형상을 볼 수 있는 첨단 진단 장비이다. 만일 MRI 내부의 자석을 일반적인 방법으로 만든다면, 장치가 큰 트럭 크기가 되어야 하고, 그런 장비를 가동하자면 고압 전류 때문에 엄청난 열이 발생한다. 그리고 그 열을 냉각시키려면 강물처럼 물을 흘려야 할 것이다.

초전도 상태가 된 자석에서는 저항이 없으므로 열이 발생하지 않는다. 그러므로 매우 강력한 전자석을 만들 수 있다. 이러한 기술은 입자가속기, 반도체 제조 등에 쓰이며, 초전도자석으로 차를 뜨게 하여 진행하는 자기부상(磁氣浮上) 열차(maglev train)는 실용화에 이르렀다.

# 113

## 러더퍼드의 원자 모델

### – 1911년 / 영국

러더퍼드

뉴질랜드 태생의 화학자이며 물리학자인 어니스트 러더퍼드(Ernest Rutherford, 1871~1937)는 오늘날 '핵물리학의 아버지'로 불린다. 그는 1909년에 영국의 맨체스터 대학에서 연구하고 있었다. 이 대학에서 양전하를 가진 헬륨의 핵에서 알파 입자가 흩어지는 것을 관찰하던 중, 원자는 거의 빈 공간이고 그 중심에 양전하를 가진 매우 작은 핵이 압축되어 있고, 그 주변을 전자가 행성들처럼 돌고 있다는 원자 모델(Rutherford's Model of the Atom)을 1911년에 발표했다. 그가 발견한 원자 모델은 별로 틀린 점은 없지만, 오늘날에는 그의 원자 모델이 약간 수정되어 있다.

"원자의 중심에는 양전하를 가진 매우 작고 압축된 핵(nucleus)이 있으며, 대부분이 빈 공간인 원자의 핵 둘레에는 전자들이 마치 태양 주위를 도는 행성들처럼 돌고 있다."

러더퍼드는 원자 모델을 발표하기
전, 캐나다의 맥길 대학에서 교수로 재
직하던 1902년에 '방사선 이론'을 발
표했다. 이 이론은 1908년 그에게 노
벨 화학상을 안겨주었다.

리튬의 원자 구조를 나타내는 러더퍼
드의 모델. 핵 주변을 전자들이 돌고
있는 형태로 나타냈다. 러더퍼드의 원
자 모델 그림은 지금도 원자를 표현하
는 디자인에 이용되고 있다.

"방사선이란 원자의 핵이 붕괴되
어 나오는 것이다. 핵이 붕괴되면 알파
입자, 베타 입자, 감마선 이렇게 3가지 방사선이 방출된다. 이들이 방출된
핵은 다른 원소로 변한다."

# 114

## 결정체에 대한 '브래그의 법칙'

### - 1912년 / 영국

브래그의 법칙이 된 단서는 로런스 브래그가 케임브리지 대학에서 학생으로 연구를 시작한 1912년에 발견했고, 이를 아버지와 함께 연구하여 브래그 법칙을 완성했다. 로런스 브래그는 왓슨과 크릭이 DNA의 구조를 밝힌 1953년 당시(146항 참조), 케임브리지 캐번디시 연구소의 소장이었다.

영국의 물리학자 윌리엄 헨리 브래그(William Henry Bragg, 1862~1942)는 노벨상 역사상 처음으로 그의 아들 윌리엄 로런스 브래그(William Lawrence Bragg, 1890~1971)와 나란히 1915년에 노벨 물리학상을 수상했다. 이때 아들 로런스 브래그는 노벨상 역사상 가장 젊은 25세에 노벨상을 받는 기록(현재까지도)을 세웠다.

결정체에 일정한 파장의 빛을 다양한 각도에서 비추면, 어느 각도에서는 빛의 반사가 강하게 일어나지만 다른 각도에서는 반사가 거의 일어나지 않는다. 브래그 부자(父子)는, 이러한 빛의 반사, 회절, 간섭 현상에서 매우 복잡한 '브래

그의 법칙'(Bragg's Law)을 발견했다. 그들은 이 이론을 기초로 여러 파장의 X선을 결정체에 비추었을 때 그 결정체가 반사하는 X선을 분석하여 원자의 구조를 밝힐 수 있었다. 브래그 부자의 연구는 물리학의 한 분야인 결정학(結晶學, crystallography) 발전의 기초가 되었다.

아버지 헨리 브래그는 영국에서 태어났으며, 1885년에 오스트레일리아의 애들레이드 대학 교수가 되었다. 아들 로런스 브래그는 이 대학에서 교육을 받았다. 브래그 부자는 1909년에 영국으로 돌아가, X선을 이용하여 결정의 구조를 조사하는 연구를 함께 했다.

# 115

## 닐스 보어의 전자 궤도 모델

### - 1913년 / 덴마크

덴마크의 물리학자 닐스 보어(Niels Bohr, 1885~1962)는 "원자의 핵 둘 레를 도는 전자들은 일정한 궤도를 가지고 있으며, 전자들은 한 궤도에서 다른 궤도로 이동할 수 있다."라는 이론을 1913년에 발표했다.

보어는 맨체스터에서 러더퍼드(113항 참조)와 함께 연구했으며, 러더포 드의 원자 모델을 더욱 발전시켰다. 러더퍼드는 전자들이 핵 주변을 무질 서하게 돈다고 했으나, 보어는 아래와 같이 전자가 제한된 궤도를 가지고 있다고 했다.

○ 원자의 핵에 가까운 궤도를 도는 전자일수록 에너지가 적고, 먼 궤도 일수록 큰 에너지를 갖는다.
○ 외부 궤도의 전자가 내부 궤도로 옮길 때 광자(photon)를 방출한다.
○ 전자가 에너지를 흡수하면 외부 궤도로 점프를 한다.

보어는 원자의 구조를 밝힌 공헌과 양자역학(quantum mechanics) 발 전에 기여한 공로로 1922년에 노벨 물리학상을 수상했다. 그는 독일이

덴마크를 점령하자 레지스탕스에 적극 참여했고, 이 때문에 1943년 가족과 함께 영국을 거쳐 미국으로 탈출했다. 이후 그는 미국의 원자탄 개발 계획인 맨해튼 계획(Manhattan Project)에 참여한 핵물리학자 중의 한 사람이 되었다. 그는 무거운 원자의 핵이 중성자를 흡수하여 핵분열하게 되는 이유를 설명했으며, 우라늄 – 235(우라늄 동위원소)만이 중성자에 의해 핵분열을 일으킨다는 것을 밝히기도 했다.

닐스 보어는 20세기의 핵물리학 발전에 가장 큰 공헌을 한 과학자 중 한 사람이다.

덴마크를 탈출하기 전, 그는 자신의 노벨상 상패를 병에 넣고 산성 용액으로 녹여 감추어두었다. 전쟁이 끝난 후 그는 병에 녹아 있던 금을 회수하여 상패를 다시 주조(鑄造)했다. 그의 아들 오게 닐스 보어(Aage Niels Bohr, 1922~2009)는 물리학자로 성장하여 1975년에 노벨상을 수상했다.

# 116

## 아인슈타인의 일반 상대성 이론
### - 1915년 / 독일

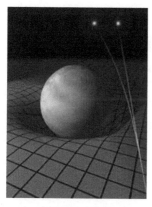

이 그림은 중력 때문에 찌그러진 공간과, 천체 가까이 지나는 별빛이 중력에 끌려 휘어지는 모습을 나타내고 있다.

알베르트 아인슈타인(Albert Einstein, 1879~1955)은 1915년에 상대성 이론(相對性 理論, Theory of General Relativity)을 발표했다. 중력장(重力場)에 대한 이 이론은 그의 특수 상대성 이론(108항 참조)과 뉴턴의 만유인력 이론(32항 참조)을 하나로 한 것이다. 그는 이 이론을 통해 시간(time)과 공간(space), 즉 시공(時空, spacetime)의 기하학적 성질을 새롭게 설명했다. 그의 이론은 시간의 흐름, 공간의 기하학, 자유낙하 물체의 운동, 빛의 성질 등에서 고전 물리학 이론과 차이가 있다.

아인슈타인은 이 이론에서 강한 중력장 속에서는 시간이 늦게 흐른다는 것, 강한 중력장을 지나는 빛은 적색편이(赤色偏移)가 생긴다는 것, 강한 중력장 부근을 지나는 빛은 렌즈 속을 지나는 빛처럼 휘어진다는 것, 그리고 중력파(gravitational wave)와 블랙홀(black hole)의 존재 등을 말했다.

특히 그는 태양 뒤쪽에 있는 별로부터 오는 빛이 태양 옆을 지날 때 휘어질 것이라고 예측했다. 이 현상은 때마침 1919년 3월 29일에 일어난 일식 때 실제로 관측 실험이 이루어졌다. 두 팀으로 나뉜 영국 관측대는 아프리카의 서해안에 있는 프린시플섬과 브라질의 북부 소브럴 지역 두 곳에서 일식을 관측했다. 이때 태양에 가려 있어야 할 별빛이 태양 쪽으로 굴절한 결과 미리 관측된 것이다.

그의 이론은 실험과 관찰로 증명되기도 했고, 일부는 아직도 연구가 이루어지고 있다. 그가 예측한 블랙홀은 강한 중력 때문에 시공이 찌그러지고, 빛조차 탈출하지 못한다. 블랙홀은 천체관측을 통해 실제로 존재하는 것으로 인정되고 있다. 아인슈타인의 이론은 특히 일반인의 이해 한계를 넘어 난해하다.

# 117

## 베게너의 대륙 표류설

### - 1915년 / 독일

이탈리아의 탐험가 크리스토퍼 콜럼버스(Christopher Columbus, 1451~1506)가 신대륙을 처음 발견한 때는 1492년이었다. 그는 이때부터 1504년까지 4차례 신대륙을 항해했다. 그의 신대륙 발견 이후, 세계의 지형이 어떻게 생겼는지 조금씩 알려지기 시작했다.

플랑드르의 지도 제작자인 아브라함 오르텔리우스(Abraham Ortelius, 1527~1598)는 세계 여러 곳을 여행한 뒤, 1596년에 처음으로 현재의 세계지도를 닮은 지도를 제작했다. 이때 그는 자신이 만든 지도를 보면서, 과거에 남아메리카 대륙이 아프리카 대륙과 붙어 있었을 가능성을 맨 먼저 예견했다. 훗날 오르텔리우스 외에도 프랜시스 베이컨과 벤저민 프랭클린 등이 같은 의견을 내놓았다. 오늘날 당시 그가 만든 지도는 지도 수집가들 사이에 매우 높은 값으로 거래되고 있다.

독일의 지구물리학자인 알프레드 베게너(Alfred Wegener, 1880~1930)는 일찍이 베를린 대학에서 천문학과 생물학을 공부했다. 그러나 지구과학에 관심을 갖고 세계 많은 곳을 여행하며 관찰한 뒤인 1915년, 지구의 대륙이 천천히 지구 위를 이동하고 있다는 '대륙 표류설'(theory of continental drift)을 발표했다.

"지구는 처음에 한 덩어리의 큰 대륙이
었으나, 약 2억 5천만 년 전에 오늘날과 같
은 모습을 가진 대륙으로 나뉘었다."

베게너의 이론은 오래도록 인정을 받지
못했다. 그러나 1960년대에 들어와 그의 이
론을 뒷받침하는 여러 증거들이 대륙과 해
저에서 발견되었으며, 아프리카와 남아메리
카에 같은 종류의 동물들이 살고 있는 것이
발견되기 시작했다.

알프레드 베게너는 전 세계의
대륙을 조사한 뒤 대륙 표류설
을 발표했다. 그가 그린란드를
탐사할 때는 영하 60도의 혹한
을 만나기도 했다.

미국의 지질학자 해리 해먼드 헤스(Harry Hammond Hess, 1906~1969)
는 해저의 바닥이 벌어지고 있다는 '해저 확산설'(seafloor spreading
theory)을 발표했다. 즉, 그는 세계의 해저 여러 곳이 6만 km를 넘는 길이
로 갈라지고 있으며, 그 틈새를 메우느라 주변에서 화산 활동이 일어나고
있다는 것이다.

지구의 대륙이 이동하고 있다는 학설을 오늘날에는 판구조론(板構造論,
theory of plate tectonics)이라고 한다. 이 이론을 요약하면,

"지구의 지각은 6개의 큰 판과 작은 판 몇 개로 이루어져 있다. 이들

이 그림은 대륙 표류설을 설명하기 위해 1858년에 그려진 것이다.

은 마치 바다에 뜬 얼음 판처럼 서로 밀거나 멀어지면서 맨틀 위를 이동한다. 이동 속도는 1년에 약 1.91㎝(손톱이 자라는 속도 정도)이다. 화산활동과 지진이 발생하는 곳은 주로 대륙판의 가장자리이다. 대륙판이 서로 충돌하는 곳에서는 높은 산맥이 생겨나고, 대륙이 서로 떨어지는 곳에는 해구(海溝)와 단층이 생긴다. 대표적인 단층은 캘리포니아의 샌안드레아스 단층이다."

# 118

## 브뢴스테드-로우리의 산-염기 개념
### - 1923년 / 덴마크, 영국

화학 과목 시간에 산(酸, acid)과 염기(鹽基, base)에 대해 공부할 때, 산성 물질은 푸른 리트머스 시험지를 붉게 변화시키고, 염기성 물질은 붉은색 리트머스 시험지를 푸르게 변화시킨다는 것을 배운다. 또 일반적으로 산성 물질은 신맛이 나고, 어떤 금속과 화합하면 수소를 발생한다.

산과 염기의 성질에 대한 아레니우스(Arrhenius)의 개념(92항 참조)은 '산은 물에 녹아 수소 이온을 내놓는 물질이고, 염기는 수소 이온을 받는 물질'로 정의하고 있다. 이 개념은 수용액 속의 산과 염기에 대해서만 적용된다.

덴마크의 화학자 요하네스 니콜라우스 브뢴스테드(Johannes Nocolaus Brønsted, 1879~1947)와 영국의 화학자 토머스 마틴 로우리(Thomas Martin Lowry, 1874~1936) 두 과학자는 1923년에 각기 독립적으로 산과 염기에 대한 확장된 이론을 발표했다. '브뢴스테드 - 로우리의 산 - 염기 이론'이라 불리는 두 과학자의 이론은, 수용액 상태의 산과 염기뿐만 아니라, 물이 없는 상태의 화학반응(예, 암모니아와 염산의 화학반응)에까지 확장되는 개념이다.

실험실 약장에 여러 가지 산과 염기 시약이 보관되어 있다. 염산은 물에 넣으면 완전히 분리되므로 강산(強酸)으로 되고, 아세트산은 일부만 분리 되므로 약산성(弱酸性)이 된다.

"산은 다른 물질에 수소의 핵인 양성자(수소 이온)를 주는 물질(proton donor)이고, 염기는 다른 물질로부터 양성자를 받는 물질(proton acceptor) 이다."

물($H_2O$)은 산이 되기도 하고, 염기가 되기도 한다. 물에 아세트산 ($CH_3CO_2H$)을 넣으면, 물은 양성자를 얻으므로 염기 역할을 한다. 반면에 물에 암모니아($NH_3$)를 넣으면, 물은 양성자를 잃기 때문에 산 역할을 한다.

$$H_2O + CH_3CO_2H \ \rightleftharpoons \ CH_3CO_2^- + H_3O^+$$
$$H_2O + NH_3 \ \rightleftharpoons \ OH^- + NH_4^+$$

# 119

## 전자의 파동성 이론-드 브로이 파장

빛이 파동(광파)과 입자(광자) 두 가지 성질(이중성)을 가진 것이 알려지자, 전자도 파처럼 행동할까 하는 의문이 생겨났다. 1924년 프랑스의 물리학자 루이 드 브로이(Luise De Broglie, 1892~1987)는 "전자도 빛처럼 입자와 파의 이중성을 가지고 있으므로, 전자 역시 광파처럼 행동한다."는 이론을 전개하면서, '드 브로이 파장 공식'(De Broglie Wavelength Equation)을 발표했다.

드 브로이는 소르본 대학에 입학하여 역사학을 공부하면서, 형의 실험을 돕다가 흥미가 생겨 물리학으로 전공을 바꾸었다.

드 브로이 파장 $\lambda$(람다) = h/p라고 했다.

[h는 프랑크 상수(105항 참조), p는 운동량(질량 x 속도)을 나타낸다.]

드 브로이가 발표한 전자의 파동성은 1927년에 실험으로 증명되었다. 드 브로이는 파리 소르본 대학에서 박사학위 논문에서 전자의 파동성 이론을 발표했다. 그의 이론은 곧 받아들여졌고, 5년 후인 1929년 드 브로이는 노벨 물리학상을 수상했다. 드 브로이가 혁명적인 이론을 발표했을 때, 누군가 아인슈타인에게 이에 대한 소감을 물었다. 그때 그는 "미친 소리 같지만, 진실처럼 보인다."라고 대답했다고 한다.

# 보스-아인슈타인의 응축 현상

## -1924년 /인도, 독일

헬륨이라는 원소는, 우주 전체를 볼 때는 수소 다음으로 많지만 지구의 대기 중에는 0.0005%뿐이다. 헬륨은 가벼우면서 폭발 위험이 없는 기체여서 기구(氣球, ballon)에 넣고 있다. 헬륨의 온도를 냉각시켜 액체 헬륨으로 만들면 그 온도가 섭씨 영하 273.15도 가까이까지 내려간다(79항, 112항 참조). 이보다 더 낮은 온도는 없으므로 이때의 온도를 절대온도 0도(absolute zero)라고 하며, 'OK'로 나타낸다. 이때 사용하는 K는 절대온도 눈금 사용을 제안했던 스코틀랜드의 물리학자 켈빈(Kelvin) 경의 이름을 딴 것이다.

인도의 물리학자 보스는 보스 – 아인슈타인 응축 현상에 대해 예견한 논문을 아인슈타인에게 먼저 보냈다. 아인슈타인은 이 논문을 높이 인정하고, 자신의 연구를 추가하여 공동 명의로 논문을 발표했다.

인도의 물리학자 사티엔드라 나트 보스(Satyendra Nath Bose, 1894~1994)와 아인슈타인은 절대온도에 가까운 물질의 원자들은 움직임이 거의 없어지

와이먼(왼쪽)과 코널(오른쪽)은 1995
년에 보스 - 아인슈타인 응축 현상을
실험으로 증명하여 노벨 물리학상을
수상했다.

고, 원자끼리의 마찰이나 점성(粘性)이
없어지며, 원자 사이의 간격이 매우 가
까워지는 현상 등이 일어나, 원자와 분
자는 본성(本性)을 잃고 특수한 상태의
성질을 나타낼 것이라는 내용을 담은
논문을 발표했다.

1924년에 두 과학자가 공동 예견
한 이러한 현상을 '보스 - 아인슈타인
응축 현상'(Bose-Einstein Condensate)
이라 한다. 미국의 물리학자 에릭 코널
(Eric Cornell, 1961~)과 칼 와이먼(Carl
Wieman, 1951~)은 1995년에 루비듐 원자로 이루어진 기체를 절대0도 가
까이 내려, 보스 - 아인슈타인 응축 현상을 증명하는 새로운 상태의 물질
을 만드는 실험에 성공했다. 이 실험으로 코널과 와이먼은 2001년에 노
벨 물리학상을 수상했다.

# 121

## 파울리의 배타원리

### - 1925년 / 오스트리아

20세기 초부터 과학자들은 물질의 기본 단위인 원자를 구성하는 요소인 전자, 양성자, 중성자를 비롯하여 더 많은 종류의 입자(elementary particle 소립자)들을 발견하게 되었고, 이들이 가진 성질과 상호 간의 작용 등을 연구하게 되었다. 이러한 연구 분야는 입자 물리학(particle physics), 핵물리학, 양자물리학(quantum physics) 등의 이름으로 일반에게 알려졌으며, 이와 관련된 전문 과학용어는 수백 가지에 이른다. 또한 이 분야에 대한 새로운 이론이나 법칙들은 지금도 계속 발견되고 있다.

오스트리아의 이론물리학자 볼프강 파울리(Wolfgang Pauli, 1900~1958)는 1925년 '파울리의 배타원리'(Pauli's Exclusion Principle)라 부르는 전자의 궤도에 대한 이론을 발표했다. "한 원자 안에서 2개의 전자가 동시에 동일한 양자 상태(量子 狀態, quantum state)가 될 수 없다."고 하는 이 이론은, 핵 둘레를 도는 전자의 궤도 구조 개념을 확립했다.

핵 둘레에는 원소의 종류에 따라 각기 다른 여러 개의 전자가 있으며, 전자들은 일정한 궤도를 따라 돈다. 핵에 가까운 전자 궤도[또는 전자각(電子殼, electron shell)]로부터 바깥쪽으로 1, 2, 3, 4(또는 K, L, M, N) …n 으로 번호를 붙이는데, 핵에 가까운 전자각일수록 에너지가 낮고, 바깥쪽 [외각(外殼)]일수록 에너지가 증가한다. 또 각 전자각에는 준궤도(subshells)와 준 에너지 레벨(energy sublevels)도 있다. 배타원리에서 각 전자각이 가질 수 있는 전자의 수는 $2n^2$개(예, 2, 8, 18, 32, …)이다.

파울리의 배타원리는 오늘날 사용하는 원소 주기율표(91항 참조) 작성 때 기본이 되었다. 파울리는 이 원리를 발견한 공로로 1945년 노벨 물리학상을 받았다(128항 참조).

# 122

## 슈뢰딩거의 방정식

− 1926년 / 오스트리아

오스트리아의 물리학자이며 수학자인 에르빈 슈뢰딩거(Erwin Schrödinger, 1887~1961)는 1935년 원자에 있는 입자(전자 등)가 어떤 특정 위치에 있을 가능성을 계산하는 복잡한 수학 방정식을 발표했다. '슈뢰딩거의 방정식'(Schrödinger equation)이라 불리는 이 방정식은 고전물리학에서 뉴턴의 법칙처럼 양자역학의 중심이 되었다.

슈뢰딩거는 아인슈타인과 친하게 지냈으며, 1935년에 노벨 물리학상을 수상했다.

# 123

## 하이젠베르크의 불확정성 원리
### - 1927년 / 독일

양자 물리학의 기초가 되는 불확정성 원리를 발견한 하이젠베르크는 1932년에 노벨 물리학상을 수상했다.

독일의 물리학자 베르너 하이젠베르크(Werner Heisenberg, 1901~1976)는 양자 이론의 기초를 세우는데 크게 공헌한 과학자 중의 한 사람이다. 그는 1927년에 '하이젠베르크의 불확정성 원리'(Heisenberg's Uncertainty Principle)라 불리는 양자역학의 새로운 이론을 발표했다. 그의 이론은 '전자와 같은 소립자의 위치와 운동량(momentum: 질량에 속도를 곱한 값) 두 가지를 동시에 정확하게 측정하는 것은 불가능하다'는 것이었다. 그의 이 이론은 매우 어려워 아인슈타인이나 보어(Bohr)와 같은 물리학자도 여러 해 동안 받아들이지 못하고 있었다.

제2차 세계대전에서 독일이 패망할 당시 그는 독일의 원자폭탄 개발을 지도하고 있었다. 그러나 그는 독일의 원자력 정보를 덴마크의 보어에게, 보어는 미국의 오펜하이머(Julius Oppenheimer, 1904~1967)에게 전하여 맨해튼 계획에 도움을 주었다.

# 124

## 디랙의 반물질 이론

– 1928년 / 영국

영화 〈스타 트랙〉에 등장하는 우주선 '엔터프라이스 호'는 반물질의 힘으로 비행한다. 반물질은 공상과학이 아니라 현실이다. 영국의 물리학자 아서 슈스터(Arthur Schuster, 1851~1934)는 1898년에 '일반 물질과 반대되는 성질을 가진 신기한 물질'도 존재할 수 있다는 생각을 했다.

디랙은 양자 역학에 불가결한 중요 방정식을 정식화하는 등, 20세기 물리학 발전에 공헌한 거인이다.

영국의 이론 물리학자 폴 디랙(Paul Adrien Maurice Dirac, 1902~1984)은 슈스터의 꿈을 실현했다. 그는 '소립자에는 마치 거울의 상처럼, 질량은 같으면서 전하가 반대인 반입자(antiparticle)가 모두 있다'는 것을 증명하는 '반물질(反物質) 이론'(Dirac's Antimatter Theory)을 1928년에 발표한 것이다. 그는 이론에서, 음(-)전하를 가진 전자와 반대로, 양(+)전하를 가지면서 질량이 같은 반전자(反電子, antielectron)가 있다고 예측했다. 반전자를 지금은 양전자(陽電子, positron)라 부른다.

1932년, 미국의 물리학자 칼 앤더슨(Carl Anderson, 1905~1991)은 1932년에 디랙의 예측대로 양전자를 발견했고, 그로부터 23년 후인 1955년에는 캘리포니아 대학에서 가속기(加速器, accelerator)로 음전하를 가진 반양성자(antiproton)를 만들어냈다. 앤더슨은 이 연구로 1936년에 노벨 물리학상을 수상했다.

일반 물질과 반물질이 만나면, 폭발을 일으키면서 물질은 없어진다. 아인슈타인이 지적한대로 물질이 에너지로 변하는(109항 참조) 것이다. 만일 이 우주와 태양계에 물질과 반물질이 함께 있다면 태양계나 우주는 소멸할 것이므로, 반물질은 다른 우주에 존재한다고 추측한다.

반물질에 대한 연구가 진행되자, 과학자들은 일반물질은 당기는 인력(引力)을 가졌고, 반물질은 밀어내는 척력(斥力)을 나타낼까? 하는 의문도 갖게 되었다. 가속기는 이러한 연구와 실험에도 이용된다.

# 125

## 소리 속도의 단위 마하수

### - 1929년 / 오스트리아

오스트리아의 물리학자이며 과학철학자인 에른스트 마흐(Ernst Mach, 1838~1916)는 공기 속을 운동하는 물체의 속도가 음속을 넘었을 때, 그 물체 주변의 공기에 큰 변화가 생기는 충격파(shock wave)에 대해 많은 연구를 했다. 스위스의 엔지니어 자코브 아케레트(Jakob Ackeret, 1898~1981)가 1929년에 음속(sound speed)의 단위로 'Mach'를 처음 사용할 것을 제안하면서, 이후 음속에 마하수

물리학자이며 과학철학자였던 에른스트 마흐의 과학 사상은 아인슈타인에게도 큰 영향을 주었다.

(Mach number, 영어는 '마크'로 발음, 우리말로는 '마하')를 붙이게 되었다.

소리의 속도는 섭씨 15도(상온)의 건조한 공기 속에서 초속 340.3m이다(1,225㎞/h). 만일 습도가 높으면 음속은 빨라진다. 또한 공기의 밀도에도 적으나마 영향을 받는다. 그리고 물속에서의 음속은 상온에서 1,440m/s이다.

파(wave)는 에너지를 운반한다. 예를 들어 파도가 해안의 절벽에 부딪

비행기의 속도가 음속에 이르면, 비행기 주변의 기압이 매우 낮아지므로 근처의 물방울이 기체 주변으로 급히 응집하여 흰 무리(halo)를 만들게 된다.

히면 큰 소리와 물보라를 뿌리는 것을 볼 수 있다. 이와 같이 비행기의 속도가 음속에 이르면, 음파의 압력에 의해 비행기 주변 공기의 밀도와 온도가 급격히 상승하여 그 에너지에 의해 폭발하듯이 충격파(shock wave)가 생겨난다. 음속의 속도를 사람들은 '소리의 벽'이라고 말하기도 하고, 충격파에 의해 발생하는 큰 소리와 진동 현상은 '소닉 붐'(sonic boom)이라 표현하기도 한다. 마하 1(M 1)은 음속과 같은 속도이고, 마하 2(M 2)는 음속 2배 속도를 의미한다.

아음속(亞音速 subsonic): 0.8 〈 M (마하 0.8 이하)

천음속(遷音速 transonic): 0.8 〈 M 〈 1.0 (충격파가 발생하는 속도에 해당)

음속(音速 sonic): M = 1

초음속(超音速 super sonic): 1 〈 M 〈 5

극초음속(極超音速 hyper sonic): M 〉 5

빛의 속도: 약 M 880,000

인공위성의 선회 속도: M 〉 25.4

# 126

## 뇌파를 발견한 베르거의 실험
### - 1929년 / 독일

생물의 세포, 조직, 신경, 근육, 뇌 등의 기관에서 발생하는 전기를 생물전기(bioelectricity)라 한다. 생물체에서 전기가 발생하는 사실은 이탈리아의 의학자 루이기 갈바니(Luigi Galvani, 47항 참조)가 1799년에 처음 발견했다.

독일의 신경생리학자 한스 베르거(Hans Berger, 1873~1941)는 1890년대부터 뇌에서 발생하는 뇌파(腦波 brain wave)를 검사하여 간질과 같은 뇌의 병을 진단할 수 있는 길을 찾으려고 노력했다. 베르거가 뇌파를 연구하기 이전까지는 뇌를 해부하지 않고는 뇌 내부에서 일어나는 현상에 대해 전혀 알지 못하고 있었다.

심장에서 전류가 발생한다는 사실을 알고 있던 베르거는 뇌에서도 전

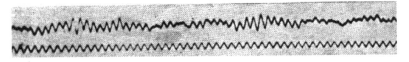

베르거가 처음 기록한 뇌파의 그림이다. 뇌파는 뇌의 증상에 따라 파장과
주기(週期)가 독특한 파형을 나타낸다. 뇌파를 분석하면 뇌의 증상을 짐작할 수 있다.

류가 발생할 것이라고 믿었다. 그는 30년 동안 긴 노력 끝에 1924년, 환자의 두피(頭皮) 밑에 은침(銀鍼)으로 만든 전극을 꽂아(나중에는 두피에 직접 은박 전극을 부착하여) 뇌에서 발생하는 전류를 조사할 수 있는 장치를 개발했다. 그는 이 장치를 뇌파계(腦波計, electroencephalography EEG)라 불렀다.

몇 해 사이에 여러 의학자들이 뇌파를 실험하게 되었고, 그러는 사이에 뇌파를 기록하는 정밀한 장치만 아니라, 뇌에서 나오는 여러 종류의 파(알파파, 베타파, 델타파, 데타파 등)를 연구하게 되었다. 베르거는 뇌를 진단할 수 있는 놀라운 장치를 개발했으나, 정작 독일에서는 그의 업적을 오래도록 무시했기 때문에, 외롭게 세상을 떠났다. 그러나 오늘날 뇌파계는 뇌 진단에 없어서는 안 되는 장비가 되었다.

# 127

## 허블의 우주 팽창 법칙

– 1929년 / 미국

미국의 천문학자 에드윈 포웰 허블(Edwin Powell Hubble, 1889~1953)은 1920년대에 미국의 윌슨산 천문대에서 천체를 연구하고 있었다. 그는 그 당시 세계에서 가장 큰 구경(口徑) 100인치 망원경으로 가장 먼 거리의 우주를 관찰했다. 이때 그는 우주에 흩어져 있는 수없이 많은 은하계의 거리를 관측한 결과, "모든 은하계는 우리로부터 점점 멀어져 가고 있으며, 은하계 사이의 거리도 멀어지고 있다. 멀리 있는 은하계일수록 멀어져 가는 속도는 더 빠르다."라고 하는 허블 법칙(Hubble's Law)을 1929년에 발표했다.

우주가 빅뱅(Big Bang 141항 참조) 이후 풍선이 부풀어나듯 점점 커지고 있다는 그의 이 이론은 '우주 팽창설'이라 불리기도 한다. 허블은 이 법칙에서 은하계들이 서로 멀어져 가는 거리를 상수(허블 상수)로 나타

노벨상 위원회는 위대한 발견을 한 허블에게 노벨상을 수여하려 했으나, 당시 천체 물리학 연구에 대해서는 노벨상을 주지 않고 있었다. 그가 세상을 떠난 후, 노벨상 위원회는 천체 물리학자에게도 수상하기로 결정했다.

머리털자리에서 볼 수 있는 'NGC 4414'라 부르는 이 은하계는 1995년에 허블 우주망원경(Hubble Space Telescope, HST)으로 촬영한 것이다. 이 은하계까지의 거리는 약 6,200만 광년이다. HST는 1990년부터 미국이 우주 궤도에 두고 사용하는 천체관측용 망원경이다.

냈다. 오늘날 우리는 이 우주에 약 1,250억 개의 은하계가 있다고 믿고 있으며, 각 은하계에는 수십억 수천억 개의 별(태양과 같은)이 있다. 각 은하계의 직경은 수천 광년(光年)인 것에서부터 수십만 광년인 것까지 다양하다.

이렇게 산재하는 은하계는 일정한 범위 안에 있는데, 이 범위를 '허블 반경'(Hubble radius)이라 한다. 오늘날 천문학자들의 추측에 의하면, 허블 반경의 크기는 약 120억 광년이다. 그리고 허블 반경 가장자리에 있는 은하계는 거의 빛의 속도로 멀어져가고 있다.

허블은 은하계에서 오는 빛의 스펙트럼을 조사하여 그곳까지의 거리를 측정했다. 즉 먼 거리에서 오는 빛일수록 도플러 효과(73항 참조)에 의해 스펙트럼은 적색 쪽으로 이동한다. 이를 '적색 이동'(redshift)이라 한다.

## ○ 천문학에서 잘 사용되는 거리 단위

1AU: 지구에서 태양까지의 평균 거리

1광년: 빛이 1년 동안 가는 거리

1pc(parsec): 약 3.26광년 거리

# 128

## 중성미자의 존재를 예측한 파울리

### - 1931년 / 오스트리아

오스트리아 태생의 미국 물리학자 볼프강 파울리(Wolfgang Pauli, 1900~1958, 121항 참조)는 원자핵의 붕괴로 베타 입자가 방출될 때, '질량 불변의 법칙'을 따르지 않는 현상이 생긴다는 것을 알게 되었다. 이후 그는 '전하도 없고 질량도 없는 미지의 소립자가 존재할 것'이라는 이론을 1931년에 발표했다. 이러한 입자의 존재는 1956년에 실험으로 확인되었으며, 엔리코 페르미(Enrico Fermi, 1901~1954)는 이 입자를 뉴트리노(중성미자)라 불렀다.

뉴트리노는 방사선 물질이 붕괴되거나 핵반응이 일어날 때 발생한다. 이들은 광속에 가까운 속도로 운동하고, 전기적으로 중성이며, 일반 물질이라면 거의 방해를 받지 않고 통과하므로, 실험적으로 검사하기 매우 어렵다.

각 전자에는 약 500억 개의 중성미자가 있으므로, 중성미자는 어디에나 있다. 태양의 중심부나 초신성(超新星, supernova), 또는 우주선(宇宙線)에 의해 발생하는 중성미자에는 3가지(electron neutrino, muon neutrino, tauon neutrino)가 있다는 것이 알려져 있다. 태양에서 오는 일렉트론 뉴트리노는 지구를 그대로 투과하며, 1초에 50조 개 정도가 우리 몸을 지나가고 있다.

---

🔍 **우주선(宇宙線 cosmic ray)이란?**

외계로부터 지구 대기권으로 오는 모든 에너지 입자를 우주선 또는 우주 방사선이라 한다. 우주선의 약 90%는 양성자이고, 약 10%는 헬륨의 핵(알파 입자)이며, 1% 미만이 다른 소립자(전자, 베타 입자, 감마선 광자, 무거운 소립자)이다.

# 129

## 화학 결합에 대한 폴링의 이론

### - 1931년 / 미국

화합물은 쉽게 변화되지 않도록 그들을 구성하는 원소들이 화학적으로 단단히 결합하고 있으며, 이를 화학 결합(chemical bond)이라 한다. 미국의 화학자 라이너스 폴링(Linus Pauling, 1901~1994)은 화학 결합을 양자역학적 이론으로 처음 설명했으며, 그의 이론은 현대 화학 발전의 중요한 길잡이가 되었다.

원소 주기율표를 보면, 제일 위쪽에 1에서 18까지 번호가 있으며, 번호가 하나씩 오를수록 전자의 수가 하나씩 많아진다. 그리고 번호에 따라 세로 줄에 포함된 원소들을 1족, 2족, …, '18족 원소'라 부른다. 같은 족[族, 영어로 그룹(group)] 원소들은 공통 성질을 가지고 있다.

폴링은 화합물의 원자들이 강력한 화학결합을 하기 위해 전자의 궤도 형태를

폴링은 화학 결합을 양자역학적으로 연구했다. 그는 현대의 양자화학(quantum chemistry)과 분자생물학(molecular biology)을 개척한 초기 과학자 중의 한 사람이다.

바꾸기도 한다. 이를 '이온 결합'이라 한다. 폴링은 이온 결합에 대한 연구 업적으로 1954년에 노벨 화학상을 수상했다.

제2차 세계대전이 끝난 후 그는 전 세계 과학자 11,000명의 서명을 받아 미국과 러시아 간에 핵실험 금지 조약을 맺도록 하는데 성공했다. 그는 이러한 공로로 1962년에 다시 노벨(평화)상을 받는 영광도 안았다.

# 130✦

# 단자극에 대한 디랙의 개념

자석은 N극과 S극 양극(兩極)을 모두 가진다. 막대자석의 중간을 자른다면, 토막이 난 작은 자석은 단자극(單磁極, monopole)이 되지 않고, 각각 N과 S극을 가진 2개의 작은 자석이 될 뿐이다. 그리고 아무리 작게 토막을 내더라도 역시 N, S극을 가진 더 작은 자석이 된다.

영국의 이론물리학자인 폴 디랙(Paul Dirac, 1902~1984)은 반물질에 대한 이론(124항 참조)을 세운 뒤, 전자와 자성(磁性)을 연관지어, N극이나 S극 하나만 있는 단자극이 우주 어딘가에 있을 것이라는 가상의 개념을 1931년에 발표했다. 그러나 1975년, 1982년, 2009년에 특별한 관측을 했지만, 단자극의 존재를 증명할 증거는 찾지 못하고 있다.

디랙은 소립자의 하나인 페르미온(fermion)의 행동과 반물질의 존재에 대한 연구로 에르빈 슈뢰딩거(122항 참조)와 함께 1933년에 노벨 물리학상을 받았다.

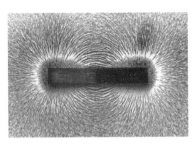

막대자석에 붙은 쇳가루는 자장을 보여준다. 자석을 자르면 N, S 양극을 가진 더 작은 자석이 될 뿐이다.

# 131

## 괴델의 불완전성 정리

### - 1931년 / 오스트리아

20세기 수학에서 가장 중요한 성취의 하나로 평가되는 '불완전성의 정리'(Gödel's Incompleteness Theorem)를 발표한 쿠르트 괴델(Kurt Gödel, 1906~1978)은 오스트리아계 미국의 수학자이자 철학자이다. 그는 비엔나 대학에서 박사학위를 받은 1년 후인 1931년에 이 유명한 논문을 발표했다. 그 내용은 모순이 없는 완벽한 수학 연구가 불가능하다는 수학 논리를 펼친 것이다. 그의 논리는 존 폰 노이만(John von Neumann, 1903~1957)과 같은 당대 최고 수학자들의 격찬을 받았다.

그는 나치가 오스트리아를 점령하고 있던 1938년에 미국으로 이민을 갔으며, 1953년부터 죽는 날까지 프린스턴 대학에서 연구했다. 이 대학에 있는 동안 그는 아인슈타인과 매우 친하게 지냈다.

그는 젊어서도 다소 그랬지만, 늙어서는 극도의 건강 염려증과 피해망상증에 시달렸다. 그는 외부 사람과의 접촉을 완전히 끊고, 오직 사무실 수위를 통해서만 교신이 가능했다. 그는 독살될 것이라는 생각에 음식을 거부하다가 끝내 세상을 떠났다.

# 132

## 백색 왜성의 최대 질량 찬드라세카르 한계

### - 1931년 / 미국

천체 물리학자들은 수많은 별들을 관찰 비교하여 간접적인 방법으로 별의 성질과 진화 과정을 짐작한다. 태양 가까운 별들의 약 6%는 '백색 왜성'이라는 이름을 가진 별이다.

태양은 46억 년 전에 생겨났다. 앞으로 다시 그 정도의 세월이 지나면, 태양은 가지고 있던 핵연료(수소)를 다 소모하고, 지구 크기 정도로 수축한 매우 작은 별인 '백색 왜성(白色矮星, white dwarf)이 될 것이라고 천체 물리학자들은 말한다. 백색 왜성은 열에너지를 대량 방출하는 매우 뜨거운 흰색의 별이다. 전자는 다 소모하고 탄소와 산소의 핵만으로 이루어진 백색 왜성은 너무나 무거워 찻숟가락만큼의 무게가 수천 kg이나 될 것이다.

인도계 미국의 천체물리학자 수브라만얀 찬드라세카르(Subrahmanyan Chandrasekhar, 1910~1995)는 "백색 왜성의 질량은 태양 질량의 1.44배가 최대이다."라는 학설(The Chandrasekhar Limit)을 1931년에 발표했다. 찬드라세카르의 계산대로 태양보다 1.44배 이상 큰 질량을 가진 백색 왜성은 발견되지 않는다. 그래서 이 수를 '찬드라세카르 상수'라 부른다. 찬드라세카르는 별의 진화에 대한 연구 업적으로 1983년에 노벨 물리학상을 받았다.

큰개자리에 있는 시리우스(Sirius)-A
는 8.6광년 거리에 있는 가장 밝게(1.47
등급) 보이는 별이다. 사진의 시리우스
-A 오른쪽에 흰 점으로 보이는 것은 백
색 왜성인 시리우스-B이다.

천체물리학자들의 연구에 의하면, 별 중에서 질량이 큰 것은 백색 왜성으로 진화하지 않고 초신성(超新星, supernova)이 된다. 초신성은 단 며칠 사이에 엄청난 양의 물질을 온 은하계로 방출해버리고, 직경이 수 km밖에 안 되는 중성자별(neutron star)이 된다. 중성자별은 중성자만으로 이루어져 있어 빛을 내지 않으며, 깨알 정도의 무게가 몇 100만 톤에 이른다.

어떤 중성자별은 더욱 축소되어 무한(無限) 밀도가 되기도 하는데, 이런 별은 부피도 공간도 없고, 시간이 흐르지 않는다. 이러한 천체는 너무 중력이 강하여 빛이든 무엇이든 빨아들이기만 하고 빛조차 빠져 나올 수 없다고 하여, 블랙홀(black hole)이라 부른다. 만일 블랙홀의 경계 안으로 우주선이 접근한다면, 우주선과 우주비행사는 순간에 빨려 들어가 사라진다.

블랙홀의 중력장(重力場)이 영향을 주는 경계의 반경(半徑)을 '슈바르츠실트 반경'(Schwarzschild radius)이라 한다. 슈바르츠실트(Karl Schwarzschild, 1873~1916)는 1916년에 블랙홀의 존재를 예언한 독일 물리학자의 이름이다.

# 133

## 삼중수소와 헬륨-3의 발견

### - 1934년 / 영국

오스트레일리아 출신의 물리학자 마커스 올리펀트(Marcus Oliphant, 1901~2000)는 최초로 핵융합(核融合 nuclear fusion) 반응 실험에 성공했으며, 원자탄 개발 계획에서 주역을 담당한 과학자이다. 또한 그는 헬륨의 동위원소인 헬륨 - 3(helion)과 수소의 동위원소인 삼중수소(tritium)를 발견한 과학자이다.

전쟁이 끝나자 올리펀트는 오스트레일리아로 돌아갔고, 1959년 기사 작위를 받았으며, 98세 때 세상을 떠났다.

의학을 공부하던 그는 1925년에 뉴질랜드의 물리학자 러더퍼드(113항 참조)의 강연을 듣자, 전공을 바꾸어 영국 케임브리지 대학의 캐번디시(Cavendish) 연구소에 입소했다. 이곳에서 그는 첨단 핵물리학 연구자의 한 사람이 되어, 1932년에는 직접 복잡한 입자가속기를 만들기도 했다.

수소의 핵은 1개의 전자와 1개의 양성자로 구성되어 있다. 그런데 자연계의 물 분자 중에는 수소 원자의 약 0.015%가 1개의 전자와 2개의 양성자를 가진 '중수소'(重水素, deuterium, 2H) 상태로 존재한다. 이러한 중수소를 처음(1931년) 검출한 과학자는 미국의 헤럴드 유리(Harold Urey, 1893~1981)였다.

캐번디시 연구소에서 올리펀트는 중수소에 중수소를 충돌시키면 중성자 1개를 더 가진 새로운 동위원소인 삼중수소(tritium, triton, T, 3H)가 생겨난다는 사실을 1934년 가장 먼저 발견했다. 삼중수소는 방사능을 가지며, 그 반감기는 12.32년이다. 그리고 삼중수소를 융합하면 헬륨-3(helion)이 생겨나면서 막대한 에너지가 나온다는 것을 확인했다. 이 연구는 훗날 핵융합 폭탄(수소폭탄)을 만드는 이론의 기초가 되었다.

제2차 세계대전이 일어나자, 그는 영국으로 건너가 고성능 진공관을 발명하여 비행기에 실을 수 있는 레이더를 개발하는 데 참여했으며, 그 레이더는 독일의 U - 보트 잠수함과 폭격기의 침공을 미리 탐지하는 중요한 역할을 했다. 이어 1941년부터는 미국의 원자폭탄 개발 계획(맨해튼 계획)에 참여하게 되었으며, 우라늄 - 235를 정제(精製)하는 기술을 확립하여 원자폭탄을 완성하도록 했다.

# 134

## 지진의 강도를 나타내는 리히터 규모

### - 1935년 / 미국

지진이 발생하면, 지진의 강도는 진도(震度 magnitude) 0에서 진도 9까지의 수치로 나타내며, 이를 '리히터 규모'(Richter scale)라고 한다. 리히터 규모를 1935년에 처음 제정한 과학자는 미국 캘리포니아 공과대학 지진연구소의 지진학자이며 물리학자였던 찰스 프랜시스 릭터(Charles Francis Richter, 1900~1985)이다.

일반적으로 진도 3.5 이하의 지진은 우리 몸이 잘 느끼지 못할 정도이고, 5.5~6이면 건물에 소규모 피해가 발생한다. 그러나 2021년의 아이티 지진처럼, 진도 7 이상이면 심각한 피해를 입는다.

일반 사람들은 리히터 규모를 마치 온도계의 눈금처럼 읽을 수 있다고 생각하기 쉽다. 캘리포니아에 지진이 발생할 때마다 많은 기자들은 릭터에게 지진의 정도를 눈금으로 보여 달라고 요구했다. 기자들의 성화에 못 이

릭터는 지진에 강한 건축물을 설계하는 내진공법(耐震工法) 연구에도 많은 기여를 했다.

겨 릭터는 진도를 나타내는 리히터 규모를 고안하게 되었다.

그는 지진이 발생한 장소[진앙(震央)]로부터 일정한 거리에서 지진계가 감지하여 그려내는 지진파의 에너지를 수학적으로 계산하여, 진도를 10 단계의 수치로 나타내도록 했다. 진도는 10로그로 계산하므로, 진도 1이 오르면 실제 진도는 10배가 된다. 즉 진도 7은 진도 6보다 10배, 진도 5 보다는 100배 강력한 지진이다. 그런데 지진의 에너지 정도로 계산하면, 진도 2 차이는 1,000배의 에너지 차이가 난다.

릭터가 지진의 규모를 영어로 '매그니튜드'(magnitude, M으로 표시)라 고 한 것은, 그가 어릴 때 좋아하던 천문학에서 별의 밝기[광도(光度)]를 매 그니튜드로 나타내기 때문이다. 오늘날 진도 규모를 말할 때는 그의 명예 를 기려 '리히터 규모'(독일어 발음이다)라고 말하고, M6, M7.2로 표시한다.

## 오파린의 생명 기원설

### - 1936년 / 러시아

　최초의 생명체는 어떻게 탄생하게 되었을까? 창조의 신이 직접 만드신 것인가? 자연적인 화학반응으로 저절로 생겨난 것인가? 그렇다면 어떤 과정의 화학반응이 차례로 일어나 생명체로 될 수 있었을까? 이 의문은 생물학의 가장 큰 숙제이다.

　현미경이 발명된 이후 생명체를 구성하는 기본 단위인 세포가 발견되고, 차츰 미생물에 대해 알게 되면서 수많은 과학자들이 생명의 발생에 대해 의문을 가져왔다. 그러나 성경 속

무기물에서 생물체의 구성 성분이 생겨날 수 있다는 이론을 세운 오파린은 1970년에 국제생명기원연구학회 회장을 지내기도 했다.

의 창조론이 지배하던 시대에 생명체의 자연발생설을 거론하기는 매우 어려운 일이었다. 오늘날 생명 발생 과정을 연구하는 분야를 '생명자연발생학'(abiogenesis)이라 하며, 이는 진화학(進化學)과 의미가 다르다.

　생명체는 가장 하등한 것일지라도 그 몸은 핵산, 아미노산, 단백질이라는 복잡한 화학구조를 가진 유기화합물로 구성되어 있다. 또한 단백질

은 생물의 몸을 구성하는 벽돌이라고 흔히 말한다. 그러므로 생명체가 태어나려면 자연적으로 단백질이 합성될 수 있어야 한다.

러시아의 생물화학자인 알렉산더 이바노비치 오파린(Aleksandr Ivanovich Oparine, 1894~1980)은 지구 초기의 대기(大氣)를 구성하고 있던 단순한 물질들이 화합하여 복잡한 유기물이 만들어졌고, 이들이 최초의 생명체를 만들었다는 내용의 이론을 1936년에 발표했다.

"대기 중에 가득하던 수분, 메탄, 암모니아가 화합하여 대량의 유기물이 되고, 유기물은 비와 함께 지상으로 떨어져 바다에 모였다. 수백만 년 후, 유기물이 죽(수프)처럼 진하게 고인 곳에서 유기물들이 결합하여 단백질과 핵산(DNA 분자)이 되었고, 이들이 최초의 생명체가 되었다. 최초의 생명체는 스스로 복제(複製)할 수 있었다."

1953년 미국 시카고 대학의 학생 스탠리 밀러(Stanly Miller, 1930~2007)와 헤럴드 유리(Harold Urey, 1893~1981)는 유리 기구 속에 물, 메탄, 암모니아, 수소 4가지 물질을 넣고, 거기에 전극을 꽂아 몇 주일간 전기 방전을 했다. 전기 방전은 자연적인 번개 현상을 대신한 것이다. 그 결과 여러 가지 유기화합물과 글라이신(glycine)을 포함한 아미노산 11가지, 당분, 지방, 핵산이 생겨났다. 이 실험은 세계를 놀라게 한 유명한 '스탠리 - 유리 실험'(Stanly-Urey experiment)이다. 이 실험에 동참한 유리(Urey)는 동위원소에 대한 연구로 1934년에 노벨 화학상을 받았다.

# 136

## 우라늄의 핵분열 현상 발견

– 1938년 / 독일

우라늄과 같은 무거운 원소의 핵이 분열하여 2개 이상의 작은 핵으로 되면, 에너지가 발생한다. 이러한 핵분열이 연쇄적으로 일어나도록 한 것이 원자폭탄이다.

핵분열과 관련된 핵물리학을 개척한 과학자는 여럿이다. 그중에 독일의 화학자 오토 한(Otto Hahn, 1879~1968)은 오스트리아 출신으로 훗날 스웨덴으로 망명한 유대계 여성 물리학자 리제 마이트너(Lise Meitner, 1878~1968), 독일의 프리츠 스트라스만(Fritz Strassmann, 1902~1980)과 함께 세 과학자는 우라늄 핵분열을 연구한 대표적인 개척자이다.

오토 한은 조수인 스트라스만과 함께 방사성 물질을 연구하던 중, 1938년에 핵물리학 역사에서 놀라운 발견을 했다. 바륨에서 나오는 느리게 움직이는 중성자를 우라늄 핵에 충돌시키자 우라늄 핵이 깨어진 것

독일의 방사능물질 화학자였던 오토 한은 원자력 시대를 개척한 '핵화학의 아버지'로 불린다.

이다. 그는 이 현상을 처음에는 잘 설명할 수 없었다. 오토 한은 이 사실을 그와 함께 오래도록 연구해온 마이트너에게 편지로 알렸다. 두 사람은 1917년부터 공동 연구자로서 새로운 원소 프로트악티늄(protactinium, 원소번호 91)을 발견하기도 했다.

며칠 뒤, 마이트너는 중성자를 흡수한 우라늄 핵이 바륨과 크립톤으로 쪼개진 것을 직접 실험하여 보여주었다. 동시에 그녀는 핵분열 과정에 발생한 에너지를 계산했다. 그녀의 조카인 오스트리아계 영국 물리학자 오토 로버트 프리쉬(Otto Robert Fritch, 1904~1979)는 직접 같은 실험을 해보고(1939년), 이 현상이 마치 세포의 핵이 분열(fission)하는 것과 비슷하다 하여, '핵분열'(核分裂, nucleus fission)이라는 이름을 붙였다.

오토 한은 핵분열이 일어나는 화학적인 증거를 마이트너와 공동 명의(名義) 논문으로 발표했다. 이 연구 업적으로 오토 한은 1944년에 노벨 화학상을 받았다. 공동 연구자인 마이트너는 함께 수상하지 못하고, 1966년에 핵물리학자에게 수여되는 엔리코 페르미(Enrico Fermi, 1901~1954)상을 받았다. 그리고 1997년에 새로 발견된 원자번호 109번인 인공원소는 그녀의 영예를 기려 '마이트너륨'(Meitnerium, Mt)이라 부르게 되었다.

# 137

## 별의 에너지에 대한 한스 베테의 이론
### - 1938년 / 미국

태양과 별에서 나오는 막대한 에너지가 수소의 핵융합반응에 의해 발생한다는 한스 베테 이론(Hans Bethe's Theory)은 오늘날의 사람들에게 상식이다. 그러나 이 사실을 이론적으로 처음 밝힌 과학자는 독일계 미국 물리학자 한스 알브레히트 베테(Hans Albrecht Bethe, 1906~2005)였다.

베테는 독일의 물리학자였으나 히틀러가 정권을 잡자, 1937년 미국으로 이민했다. 그는 제2차 세계대전 동안 최초의 원자폭탄을 제조한 로스 알라모스 연구소에서 이론 물리학 분과의 수석 과학자로 일했다.

"별의 표면에서 방사되는 엄청난 에너지와 빛은 가장 가벼운 원소인 수소의 핵이 높은 온도에서 핵반응을 일으킨 결과 발생한다. 대부분의 별은 약 75%의 수소와 25%의 헬륨, 그리고 2%의 기타 물질로 이루어진 둥그런 가스 덩어리이다. 별에서는 4개의 수소 핵이 융합(融合, fuse)하여 1개의 헬륨 핵이 만들어지고, 이때 수소 질량의 1%가 엄청난 에너지로 변한다. 이 융합반응에는 탄소(C)와 질소(N) 및 산소(O)가 촉매작용을 하는데('CNO 사이클'이라 부름), 그동안 세 원소는 융합반응을 도울 뿐 소모되지는 않는다."

1938년에 발표한 베테의 이러한 핵융합 이론은 다른 과학자들로 하여금 원자폭탄보다 더 강력한 수소폭탄을 개발하도록 했다. 별의 에너지 이론을 밝힌 공적으로 그는 1967년에 노벨 물리학상을 받았다. 베테와 거의 같은 시기에 독일의 물리학자 칼 폰 바이재커(Carl von Weizsäcker, 1912~2007)도 별에서 일어나는 핵융합 이론을 세우고 있었다.

# 138

## 인공으로 만든 초우라늄 원소들

### - 1940년 / 미국

천연의 우라늄(원소번호 92)은 자연계에
존재하는 원소 중에서 가장 무겁다. 1940
년부터 과학자들은 우라늄보다 더 무거운
인공 우라늄[초우라늄 원소(transuranium
elements)]들을 만들기 시작하여, 2010년
까지 20개의 초우라늄을 만들었다.

20세기의 과학 발전을 이끈 과학자 가
운데 한 사람인 이탈리아의 물리학자 엔
리코 페르미(Enrico Fermi, 1901~1954)는

최초의 원자로를 개발하는 데 공
헌한 페르미는 1938년 노벨 물
리학상을 수상했다.

1933년, 대부분의 원소들은 그 핵이 중성자를 잘 흡수할 수 있으므로, 새
로운 원소를 인공적으로 만들 수 있을 것이라고 생각했다. 그는 1934년
에 우라늄 핵에서 방출되는 중성자를 이용하여 새로운 핵을 만드는 실험
에 착수했다. 그러나 그의 실험은 성공을 거두지 못했다.

미국의 핵물리학자인 에드윈 맥밀런(Edwin McMillan, 1907~1991)은
1940년에 원자번호 93인 새로운 인공원소 넵투늄(neptunium)을 처음

으로 만들었다. 같은 해, 미국의 물리학자 글렌 디오도어 시보그(Glenn Theodore Seabog, 1912 ~1999)는 원자번호 94인 플루토늄(plutonium)을 만드는 데 성공했다. 맥밀런과 시보그는 새로운 인공원소를 만든 공로로 1951년에 노벨 화학상을 함께 수상했다.

이후 초우라늄 원소가 계속 만들어졌으며, 아래의 표와 같이 각 원소에는 대부분 유명 물리학자들의 이름이 붙여졌다.

| 원자<br>번호 | 원소 이름 | 원소<br>기호 | 연관 이름 | 발견 연도 |
|---|---|---|---|---|
| 93 | neptunium | Np | Neptune(해왕성) | 1940 |
| 94 | plutonium | Pu | Pluto(명왕성) | 1940 |
| 95 | americium | Am | America | 1944 |
| 96 | curium | Cm | Marie Curie | 1944 |
| 97 | berkelium | Bk | Berkely | 1949 |
| 98 | californium | Cf | California | 1950 |
| 99 | einsteinium | Es | Albert Einstein | 1952 |
| 100 | fermium | Fm | Enrico Fermi | 1951 |
| 101 | mendelevium | Md | Dmitri Mendeleev | 1955 |
| 102 | nobelium | No | Alfred Nobel | 1956 |
| 103 | lawrencium | Lr | Ernest Lawrence | 1961 |
| 104 | rutherfordium | Rf | Ernest Rutherford | 1966 |
| 105 | dubnium | Db | Dubna<br>(국제핵연구소 소재 러시아 도시 이름) | 1968 |
| 106 | seaborgium | Sg | Glenn T. Seaborg | 1974 |
| 107 | bohrium | Bh | Niels Bohr | 1981 |
| 108 | hassium | Hs | Hessen<br>(국제화학연구소 소재 독일의 주 이름) | 1984 |
| 109 | meitnerium | Mt | Lise Meitner | 1982 |
| 110 | darmstadium | Ds | Darmstadt | 1994 |
| 111 | roentgenium | Rg | Wilhelm Conrad Röntgen | 1994 |
| 112 | copernium | Cn | Nicolaus Copernicus | 2010 |

# 139

## 아시모프의 로봇공학의 3대 원칙

### - 1940년 / 미국

인조인간(人造人間)의 영어인 '로봇'(robot)은 체코의 극작가 카렐 차페크(Karel Capek)가 1921년에 그의 작품 속에서 처음 사용한 말이다. 미국의 유명한 공상과학 소설가이면서 과학 저술가인 아이작 아시모프(Isaac Asimov, 1920~1992)는 20세 때부터 로봇이 등장하는 소설들을 썼다. 그는 『나는 로봇』(I, Robot)이라는 소설에서 로보틱스(robotics, 로봇공학)란 말을 처음 사용하기도 했다.

그는 1940년에 출판한 이 소설에서, 미래 세계를 생각하여 매우 의미 있는 원칙을 세상에 선포했다. 즉 인류는 로봇을 만들어 이용하더라도 함부로 제조하지 말고 다음 3가지 원칙을 지키는 로봇으로 만들어야 한다고 주장했다. 로봇공학의 3원칙(Three Laws of Robotics)은 자연의 법칙

아시모프는 러시아 태생으로 3살 때 뉴욕으로 왔다. 소설가인 동시에 생화학자이기도 했던 그는 52년간의 작가 생활 동안 공상과학 소설과 기타 과학 도서를 500여 권 저술했다(사진은 1965년의 아시모프).

은 아니지만, 인공지능 개발이 빠르게 진행되는 오늘날, 반드시 지켜야 할 매우 중요한 과학기술의 윤리와 도덕으로 인정받고 있다.

1. 로봇은 사람을 해쳐서는 안 되며, 사람이 위험에 빠지도록 가만히 있어도 안 된다.
2. 로봇은 첫째 원칙에 어긋나지 않는 한, 인간의 명령에 따라야 한다 (예를 들면 사람을 해치라는 명령은 듣지 않는 로봇이어야 한다).
3. 첫 번째와 두 번째 원칙에 어긋나지 않는 한, 로봇은 스스로를 보호해야 한다.

그가 저술한 공상과학 소설 중 대표적인 것은 『은하 제국』 시리즈이다.

# 140

## 방사성 탄소를 이용한 연대 측정
### - 1946년 / 미국

오래된 화석이나 유물, 예술품 등의 나이를 측정하고, 수억 년 전 지질시대(地質時代)의 연대(年代)를 조사할 때는 방사성 탄소 연대 측정법(radiocarbon dating)을 사용한다.

유기물(有機物)이란 생물체의 몸을 구성하는 모든 종류의 화합물을 말한다. 유기물은 탄소동화작용에 의해 생겨나므로, 그 중심이 되는 성분은 탄소(炭素, carbon)이다. 즉 공기 중의 탄산가스($CO_2$)를 구성하는 탄소는 탄수화물, 섬유소, 지방질, 단백질, 효소 등 모든 생물체의 기본 성분인 것이다.

자연계에 존재하는 99%의 탄소 원자는 6개의 전자와 핵에 6개의 양성자와 6개의 중성자를 가지고 있다. 그래서 탄소의 원소번호는 12이고, 화학식으로 C - 12(또는 $^{12}C$)로 나타낸다. 그리고 나머지 1%는 핵에 중성자를 1개 더 가진 탄소 동위원소(同位元素)이며, C - 13($^{13}C$)으로 나타낸다. 그런데 극히 일부(공기 중의 약 10억분의 1%)는 6개의 양성자와 8개의 중성자를 가진 동위원소이다. 이를 탄소 - 14(C - 14, 또는 $^{14}C$) 동위원소라고 부른다. 매우 흥미롭게도 탄소 - 14는 방사성을 가지고 있어, 베타선을 방출한 후에 질소 - 14로 변한다. 그 때문에 탄소 - 14는 '방사성 탄소'(radiocarbon)라는 이름을 가지게 되었다.

자연계에 존재하는 방사성탄소를 처음 발견(1940년)한 사람은 미국 캘리포니아 대학 방사선 연구소의 두 물리화학자 마튼 케이먼(Martin Kamen, 1913~2002)과 샘 루벤(Sam Ruben, 1913~1943)이었다.

자연계에 극소량 존재하는 C - 14는 C - 12와 함께 탄소동화작용에 참여하기 때문에, 유기물의 극히 일부분은 C - 14를 포함하게 된다. C - 14가 N - 14로 변하는 데 걸리는 반감기(半滅期, half - life)는 약 5,730년이다. 즉 1,000개의 C - 14 원자가 500개의 C - 14 원자로 줄어드는 데 걸리는 시간이다. 그리고 다시 그 절반인 250개의 C - 14 원자로 감소하려면 추가로 5,730년(합계 11,460년)이 필요하다.

그러므로 어떤 생물체가 죽어 지하에 묻혀 화석이 된다면, 그날로부터 C - 12의 양은 그대로 있지만, C - 14는 방사성 붕괴가 시작되어 그 양이

동굴 등에서 옛 벽화를 발견하면, 벽화를 그린 물감이나 유물에 포함된 탄소의 양을 분석하여 벽화가 그려진 연대를 측정할 수 있다.

차츰 줄어든다. 즉 오늘 죽은 어떤 나무에 포함된 C - 14의 양이 1그램이라면, 반감기만큼의 세월이 지난 후에는 C - 14의 양은 그 절반인 0.5그램으로 줄어든다. 따라서 흐른 시간에 비례하여 C - 12와 C - 14의 존재 비율이 달라진다.

원자폭탄 개발계획에도 참

여했던 미국의 물리화학자 윌러드 프랭크 리비(Willard Frank Libby, 1908~1980)는 C - 14의 이러한 성질을 이용하여, 고대의 유물이나 암석, 화석, 목재, 예술품 등의 연대를 매우 정밀하게 측정하는 방법을 처음으로 연구했다. 그는 뒤이어 삼중수소(tritium, 133항 참조)를 이용하여 물(와인 등)의 나이를 측정하는 방법도 발견했다. 이러한 업적으로 그는 1960년에 노벨 화학상을 받았다.

# 141

## 우주 탄생의 빅뱅 이론
### - 1948년 / 미국

벨기에의 천문학자 조르주 르메트르(Georges Lemaitre, 1894~1966)는 "이 우주에 존재하는 모든 물질은 원래 한 점에 집중되어 있었다. 이 우주는 그 원시의 점이 폭발하면서 시작되었다."라고 1927년에 말했다.

가모프의 우주창조론인 빅뱅은 가모프 자신이 한 말이 아니라, 그의 이론을 반대하던 영국의 천문학자 프레드 호일(Fred Hoyle, 1915~2001, 142항 참조)이 라디오 대담에서 빗대어 한 말이었다.

러시아계 이론물리학자로서 1934년에 미국으로 이민하여 조지 워싱턴 대학에서 연구하던 조지 가모프(George Gamow, 1904~1968)는 1948년에 그의 제자와 공동으로 '화학물질의 기원'이라는 논문을 물리학 잡지 〈피지컬 리뷰〉(Physical Review)에 발표했다. 이 논문에서 그는 우주에 존재하는 모든 물질의 99%를 차지하는 수소와 헬륨이 어떻게 생겨났는지 그 이론을 전개했다. 이 논문은 세상 사람 모두가 궁금해 하는 '우주 창조론'이었으며, 그 속에 '빅뱅 이론'(Big-Bang Theory)이 담겨 있었다.

"최초에 우주는 한없이 응축되고 한없이 뜨거운 한 점(fireball)이 폭발하면서 시작되었다. 점으로부터 폭발해 나온 물질은 지금도 퍼져가고 있고, 끝없이 계속될 것이다. 우주의 모든 은하와 별과 행성들은 모두 이 물질로부터 형성된 것이다. 시간도 이때부터 시작되었으며, 그때는 약 120억 년 전이었다."

가모프는 1948년 같은 해에 다른 학술지인 영국의 〈Nature〉에서 "우주 공간의 온도는 절대온도 5도(5Kelvin)일 것이다."라고 했다. 그로부터 16년이 더 지난 1964년, 미국의 전파천문학자인 아노 펜지아스(Arno Penzias, 1933~)와 로버트 윌슨(Robert Wilson, 1936~)은 우주 배경의 온도가 2.7Kelvin이라고 발표했다. 두 과학자는 1978년에 노벨 물리학상을 받았다. 이때부터 가모프의 이론은 다수 과학자로부터 인정받게 되었다.

# 142

## 우주 항상성 이론

### - 1948년 / 영국

조지 가모프의 빅뱅 이론(141항 참조)에 대해 영국의 수학자이며 우주 과학자인 헤르만 본디(Hermann Bondi, 1919~2005)와 미국의 천체물리학자 토머스 골드(Thomas Gold, 1920~2004) 그리고 영국의 천문학자 프레드 호일(Fred Hoyle 1915~2001) 이 세 명의 과학자는 이에 반대하는 '우주 항상성 이론'(Steady State Theory)을 주장했다.

"우주는 시작도 없었고 끝도 없다. 우주는 끊임없이 물질을 생산하고 팽창한다."

우주는 처음도 없고 끝도 없다는 이 이론은, 마치 생물학의 '자연발생설'처럼 잘 인정받지 못하고 있다. 그러나 빅뱅설과 우주 항상성 이론 사이에 공통점은 있다. 그것은 둘 다 우주가 팽창하고 있다는 것이다.

프레드 호일의 주장에 따르면, "우주의 모든 은하와 항성과 원자 모두는 '처음'이 있다. 그러나 우주 자체는 처음이 없다."고 말한다.

그러나 오늘날의 관측과 실험에 의하면, 우주의 기원이라든가 구조, 미래의 우주 모든 점에서 빅뱅설이 유력하다.

# 143

## 비과학적인 머피의 법칙
### - 1949년 / 미국

미국 에드워드 공군기지에서 근무하던 항공 기술자 에드워드 A. 머피 (Edward Aloysius Murphy, 1918~1990)는 1949년, 음속으로 가속되는 비행기의 높은 중력에 대해 인간이 어느 정도 견딜 수 있는지에 대한 안전 실험을 하고 있었다. 그는 실험 중에 어처구니없는 실수를 거듭 경험하자, '머피의 법칙'(Murphy's law)으로 알려진 유명한 말을 중얼거렸다.

"무언가 잘못될 가능성이 있는 일은 잘못이 일어나고 만다."
(If anything can go wrong, it will)

우리가 생활하는 동안에는 어이없는 실수라든가 사건이 자주 일어난다. 우리 속담에 "개똥도 약에 쓰려면 안 보인다."라는 말이 있다.

○ 늘 몇 대씩 손님을 기다리던 택시가 급하게 타려니까 도무지 나타나지 않는다.

○ 비가 올 것 같아 우산을 들고나가면, 꼭 해가 난다. 또 그 반대인

경우가 있다.

o 자동차를 세차하고 나면 비가 내린다.

o 사람이 제일 적다고 생각되는 창구 앞에 줄을 섰더니, 하필 제일 오래
걸린다.

o 시험 때, 공부하지 않는 곳에서 꼭 시험문제가 나온다.

o 잃어버린 물건이 찾을 때는 없다가 이상하게도 나중에 그 자리에서
나온다.

o 지도책에서 찾으려 하는 지점이 하필 페이지 가장자리에 있어 알아
보기 어렵다.

o 한 번 실수를 하면 이상하게 연달아 비슷한 실수를 저지른다.

이처럼 우스꽝스러운 일들은 누구나 경험하는데, 사람들은 설명하기
어려운 이런 현상을 '머피의 법칙'(Murphy's law)이라 말한다. 머피의 법칙
은 확률론으로도, 컴퓨터로도 그 원인이 잘 풀리지 않는 비과학적 현상이
다. 그래서 '얼간이 법칙'이라 말하는 사람도 있다.

머피의 법칙이 된 이러한 삶의 현상은 예로부터 일어나던 모든 인간의
일이다. 그러나 이 법칙이 우스갯소리가 아니라며, 수학과 과학의 여러
법칙을 적용하여 연구하는 사람도 있다고 한다.

# 144

## 오트의 혜성 구름 이론

### - 1950년 / 네덜란드

네덜란드의 천문학자 얀 오트(Jan Oort, 1900~1992)는 "태양계는 수십억 개의 혜성이 구름처럼 둘러싸고 있다."는 이론을 1950년에 발표했다. 혜성의 구름이 명왕성 궤도 바깥을 뒤덮고 있다는 그의 이론은 '오트의 혜성 구름'(Oort cloud of comets)이라 불리며, 현재 다른 천문학자들의 인정을 받고 있다.

태양으로부터 2,000~100,000천문단위(astronomical unit ; AU. 1AU는 지구와 태양 사이의 거리) 바깥에는 20~50조 개의 혜성이 있다. 오트의 혜성 구름 속에 이처럼 혜성이 많아도 각 혜성 사이의 거리는 수천만 ㎞이다. 오트의 혜성 구름은 '시베리아 혜성'이라 부르기도 한다. 그 이유는 혜성이 있는 공간의 온도가 절대온도 0도에 접근하는 섭씨 영하 220도에 이르기 때문이

태양계로 들어오는 많은 혜성은 오트의 혜성 구름으로부터 온다. 오트는 레이더를 사용하여 우주에서 오는 전자파를 분석하여 우주를 탐구하는 전파천문학을 개척한 과학자 중의 한 사람이며, 은하의 크기와 질량, 규모 등을 밝히기도 했다.

다. 이곳의 혜성들은 때때로 가까운 항성(恒星)들의 중력에 끌려 태양계 속으로 들어오게 된다.

1951년에는 미국의 천문학자 제라드 피터 카이퍼(Gerard Peter Kuiper, 1905~1973)가 혜성의 무리가 있는 또 다른 장소를 발견했다. 카이퍼 벨트(Kuiper belt)라 불리는 이곳은 해왕성(지구와의 평균 거리 55AU) 바깥으로 35AU~수백 AU 궤도 떨어진 공간이다.

# 145

## 혜성의 구조를 밝힌 휘플의 이론
- 1950년 / 미국

혜성은 해마다 10여 개 이상 새롭게 발견되고, 그중 1개 정도는 맨눈으로 볼 수 있다. 과거에 천문학자들은 신비스럽게 나타났다가 사라지는 혜성의 머리 부분은, 몇 개의 거대한 바위 덩어리나 모래주머니 같을 것이며, 그 크기는 수백 km일 것이라고 생각했다. 그러나 1950년, 미국의 천문학자 프레드 로렌스 휘플(Fred Laurence Whipple, 1906~2004)은 오랜 관측과 조사 끝에 혜성의 모습이 다음과 같을 것이라고 주장했다.

"혜성은 세 부분으로 이루어져 있다. 핵 (nucleus)이라 부르는 얼어붙은 중심부, 부푼 모습으로 핵을 둘러싼 코마(coma)라 부르는 부분, 그리고 가스와 먼지로 이루어진 긴 꼬리 부분이다. 핵은 대개 직경이 수 km이고, 그 성분은 물과 메탄, 에탄, 이산화탄소, 암모니아와 다른 여러 가지 기체들이 서로 얼어붙은 덩어리이다."

휘플은 1950년에 혜성의 모양과 성분을 거의 정확하게 예측했다.

디프임팩트 탐사선이 찍은 템펠-1 혜성의 근접 사진. 이 혜성은 독일의 천문학자 빌헬름 템펠(Wilhelm Tempel, 1821~1889)이 1867년에 처음 발견했다. 혜성의 핵(직경 7.6×4.9㎞)은 생각보다 지저분하다. 핵은 중력이 작아 둥근 형태가 되지 못한다.

그의 이러한 예측은 36년이 흘러간 뒤(1986년)에 사실로 확인되었다. 유럽우주기구(Europe Space Agency)가 혜성 탐사선 '지오토'(Giotto) 호를 직접 핼리 혜성으로 보내, 약 480㎞ 거리에서 사진을 찍는 데 성공한 것이다.

그리고 2005년 1월에는 미국의 항공우주국이 5.68년을 주기로 찾아오는 '템펠-1 혜성'을 향해 디프임팩트(Deep Impact)라는 혜성탐사선을 발사했다. 디프임팩트는 그해 미국 독립기념일(7월 4일)에 혜성의 핵에 정확하게 충돌하는 데 성공했다. 이때 혜성에 대해 더욱 자세히 알게 되었다.

혜성 탐사선까지 사용하여 혜성을 조사함에 따라 많은 것을 알게 되었다. 혜성의 핵은 푸석거리는 검은 눈덩이 같으며, 그 규모는 직경이 수백 m에서 수십 ㎞ 정도로 작다. 그들이 타원 궤도를 따라 태양에 접근하면, 태양풍의 영향으로 핵 표면은 부풀어 올라 코마가 되며, 코마의 구성 물질들은 태양풍에 날려 마치 제트엔진에서 발산되는 가스처럼 긴 꼬리를 만든다.

# 146

## 염색체 DNA의 나선구조

– 1953년 / 미국, 영국

모든 생물은 선대(先代)의 형질(形質)이 그대로 자손에게 전달된다. 이것을 유전(遺傳)이라 한다. 과학자들은 유전이 어떻게 이루어지는지 너무나 궁금했다. 오랜 연구와 실험 끝에 과학자들은 세포의 핵 속에 있는 염색체(染色體)라 부르는 세포물질 안에 줄지어 있는 유전자(遺傳子)가 그 비밀을 가지고 있다는 것을 알았다. 다음으로는 유전자의 화학적 성분과 구조가 어떠하기에 유전 현상이 가능한지 알아내야 했다.

유전자는 DNA라고 불리는 복잡한 화학물질로 이루어져 있으며, 이 DNA가 세포 속에서 복제됨으로써 유전물질이 다음 세대로 전달될 수 있다. 과학자들은 1943년경에 DNA의 화학 성분까지도 알아냈으나, DNA의 화학 구조가 어떠하기에 세포 속에서 간단히 복제될 수 있는지 궁금했다.

1953년, 미국의 분자생물학자 제임스 듀이 왓슨(James, Dewey Watson, 1928~)과 영국의 물리학자이며 분자생물학자인 프랜시스 크릭(Francis Crick, 1916~2004) 두 과학자는 'X-선 분광분석기술'(114, 147항 참조)을 사용하여 드디어 DNA의 분자구조를 밝혀냈다. 두 과학자는 DNA의 구조를 밝힌 공적으로 1962년 공동으로 노벨 생리의학상을 수상했다.

DNA는 나무 사다리를 빙빙 꼬아둔 것 같은 나선형 모습이다. 나선형의 사다리의 발판 중간을 전부 자른다면, 좌우의 반쪽 사다리는 각기 반대로 꼬인 모습이다. 이 좌우 사다리를 주형(鑄型)으로 하여 그와 반대되는 반쪽 사다리를 각각 만들면, 새로 완성된 사다리는 각각 자르기 전의 모습으로 된다. 그래서 DNA의 분자 구조를 '이중 나선형'(double helix)이라 한다.

과학자들은 그림과 같은 모습의 DNA 분자 구조를 알게 됨에 따라, 염색체 속에 유전 정보가 어떤 모습으로 기록되어 있고, 그 정보가 어떻게 복제되어 자손에게 전달되는지 알게 되었다. 이러한 지식은 오늘날 첨단 생물학과 의학의 발전에 획기적인 공헌을 하게 되었다.

DNA를 이루는 사다리의 좌우 지주(支柱) 기둥은 당분과 인산(燐酸)이라는 물질로 구성되어 있으며, 사다리의 발판이 되는 부분은 A(adenine), C(cytosine), G(guamine), T(thymine)라는 약호(略號)로 부르는 물질이 서로 중간에서 맞물려 있다. 이때 A는 T와, C는 G와 반드시 연결된다. A, C, G, T 4가지를 'DNA를 이루는 기본 염기(鹽基)'라 부른다. 그리고 모든 유전자는 이 4가지 염기의 조합이 수백 수천 가지로 각기 다르다.

## 호지킨이 밝힌 생체 분자의 입체 구조
### - 1956년 / 영국

   분자의 크기는 매우 작지만, 파장이 매우 짧은 X - 선을 분자에 비추면 분자 구조에 따라 복잡한 모습으로 회절상을 나타낸다. 이런 회절상을 수학적으로 분석하면 분자의 구조를 알 수 있다. 이와 같이 X - 선을 이용하여 물질의 분자구조를 밝히는 학문을 'X - 선 결정학'(X-ray chrystallography)이라 하며, 이 방법으로 DNA의 분자구조(146항 참조)를

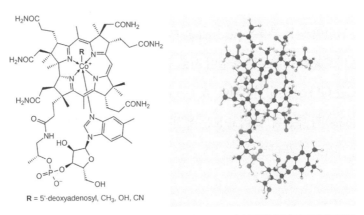

R = 5'-deoxyadenosyl, CH₃, OH, CN

여성 화학자 도로시 호지킨이 밝혀낸 비타민 B - 12의 복잡한 화학구조이다. 왼쪽은 화학분자 구조이고, 오른쪽은 그것의 입체 구조이다.

알아내기도 했다.

영국의 여성 화학자 도로시 호지킨(Dorothy Hodgkin, 1916~2004)은 선구적인 X - 선 결정학자였다. 그녀는 X - 선 분광기를 사용하여 1956년에 100여 개의 원자로 이루어져 있는 비타민 B12의 분자구조를 밝혀내는 데 성공했다. 6년간의 연구와 실험 끝에 성공한 그녀는 이 발견으로 1964년에 노벨 화학상을 받을 수 있었다.

또한 호지킨은 1934년부터 연구를 시작하여 35년만인 1969년에 인체 호르몬의 하나인 인슐린(insulin)의 분자구조를 밝혔다. 그녀의 끈기 있는 연구는 오늘날 단백질을 비롯한 수많은 종류의 생체분자(biomolecule)의 구조를 밝혀낼 수 있게 만든 기초가 되었다.

# 148

## 광합성의 과정-캘빈 회로

### – 1958년 / 미국

식물은 물($H_2O$)과 이산화탄소($CO_2$)를 가지고 태양의 에너지를 이용하여 복잡한 화합물인 당분($C_6H_{12}O_6$)과 산소($O_2$)를 만든다. 잎 세포 속의 엽록체에서 일어나는 이 과정을 광합성 또는 탄소동화작용이라 한다. 식물의 잎에서는 어떤 방법으로, 어떤 과정을 거쳐 이러한 화학반응이 일어날까? 잎에서 일어나는 광합성 과정의 신비를 알아내기만 한다면, 화학공장에서 인공적으로 광합성 반응을 시켜 쌀과 밀을 생산할 수 있지 않을까? 이것은 과학자들의 오랜 꿈이다.

오늘날 과학자들은 잎에서 일어나는 광합성 과정에 대해 많은 것을 알고 있다. 특히 1958년 미국의 생화학자 멜빈 캘빈 (Melvin Calvin, 1911~1997)은 동료 과학자 앤드류 벤슨(Andrew Benson, 1917~2015) 및 제임스 배스햄(James Bassham, 1922~2012)과 함께 광합성 과정 중에서 중요 부분을 밝혀냈다. 특히 '캘빈 회로'(Calvin Cycle)라

멜빈 캘빈은 1937년부터 1980년 은퇴할 때까지 버클리 대학에서 연구했다.

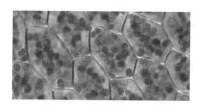

광합성 반응이 일어나는 잎 세포 속의 엽록체 모습이다. 엽록체 속에 광합성이 일어나도록 촉매작용을 하는 엽록소가 들어 있다.

고 불리는 과정은 광합성 과정의 핵심 부분이다. 그는 광합성 과정을 조사할 때, 방사성 탄소 - 14를 사용했다.

그는 $CO_2$의 C가 방사성 탄소 (C - 14, *C)인 방사성 이산화탄소 (*$CO_2$)를 광합성 실험에 사용하는

놀라운 발상을 했다. 그는 *$CO_2$의 탄소가 산소와 분리되어 광합성 화학 반응에서 어떤 과정을 거쳐 어떤 화합물로 변해 가는지 차례로 조사했던 것이다. 이때 *C(C - 14)는 방사능을 방출하기 때문에 그 변화를 추적할 수 있다. 화학반응 과정을 추적하기 위해 사용하는 C - 14와 같은 방사성 원소를 '추적자'(tracer)라 한다.

캘빈은 방사성 탄소를 추적자로 사용하여 중요한 부분의 광합성 과정 (캘빈 회로)을 발견했고, 이 연구 업적으로 1961년에 노벨 화학상을 수상했다. 이후 다른 많은 과학자들도 캘빈의 발상을 따라 방사성 추적자를 사용하여 광합성 과정뿐만 아니라 다른 화학변화 과정, 심지어 인체 내에서 일어나는 여러 화학변화의 과정도 조사하게 되었다.

# 149

## 면역 항체의 화학 구조

### - 1959년 / 미국, 영국

인체는 박테리아나 바이러스와 같은 병원체(病原體)와 독소(毒素, toxin)들로부터 항상 위협을 받고 있다. 그러나 온갖 병원체와 독소들로부터 자신을 지킬 수 있는 것은, 침입자를 파괴해버리는 항체(抗體, antibody)가 체내에서 필요할 때마다 만들어지기 때문이다.

병원체와 독소로부터 인체를 보호할 방법을 연구하는 분야를 면역학(免疫學, immunology)이라 하며, 이는 첨단 생물학과 의학의 한 분야이다. 항체는 플라스마 셀(plasma cell)이라 부르는 일종의 백혈구에서 특별한 단백질의 분자이다. 이 항체의 분자는 종류가 수백만 가지이다. 그 이유는 침입자[항원(抗原)]의 종류에 따라 각기 다른 모습의 항체가 만들어지기 때문이

항원

항원

항원과 합체 결합

항체

항체를 구성하는 단백질은 글로불린(globulin)이라 부르는 단백질이다. 때문에 항체의 단백질을 면역 글로불린(immunoglobulin)이라 한다.

다. 과학자들은 그 많은 항체의 종류를 크게 5가지로 나누어, 각기 IgA, IgD, IgE, IgG, IgM라는 이름을 붙이고 있다.

미국의 생물학자 제럴드 에덜먼(Gerald Edelman, 1929 ~2014)과 영국의 생화학자 로드니 로버트 포터(Rodney Robert Porter, 1917~1985)는 1959년에 각기 독립적으로 항체의 분자 구조를 밝힌 중요한 논문을 발표했다. 그들은 항체의 분자가 하나의 줄기 끝에 2개의 가지가 좌우로 붙은 영어의 Y자처럼 생겼다는 것을 구체적으로 밝혀냈다. 이 연구로 두 과학자는 1972년에 노벨 생리의학상을 수상했다.

항원이 몸에 침입했을 때, 즉시 항체를 충분히 만들어 처치할 수 있는 신체는 면역력이 강하다고 말한다. 면역력이 약하면 감기를 비롯하여 전염병에 잘 걸리고, 알레르기 증상이 다양하게 나타나며, 암에 걸릴 위험도 높다.

# 15❂

## 호스폴의 암 발생 이론
### - 1961년 / 미국

만일 인체 조직의 어떤 부분에서 세포
가 이상하게 분열을 계속하여 비정상으로
커진다면 혹의 모습이 된다. 이것을 암(癌,
cancer) 또는 종양(腫瘍, tumor)이라 한다.
암의 종류는 100가지도 넘는다. 암 조직
이 발생하는 이유는, 어떤 세포가 특별한
자극을 받아 세포분열을 멈추지 않고 계
속하기 때문이다. 혹을 만들지 않는 유일
한 암은 백혈병 암이다.

발암 위험이 있는 물질임을 나타
내는 국제 표식이다. 암의 원인을
밝힌 호스폴은 자신이 암에 걸려
65세에 세상을 떠났다.

살점이 떨어져 나가도록 피부에 상처를 입으면, 새살이 돋아나 상처자
리를 메우게 된다. 이때 새살은 새롭게 세포분열이 시작되어 보완된 것이
다. 그러나 상처가 원래의 상태로 회복되면 세포분열은 중단된다. 이처럼
정지하고 있던 세포분열이 재개되고, 본래의 상태로 회복되면 즉시 중지
되도록 하는 이유는 어디에 있을까?

암으로 죽는 사람은 전체 사망자의 약 13%나 된다. 수많은 사람을 죽

음에 이르도록 하는 암의 발생 원인은 무엇일까? 이 오래된 의문에 대해 많은 이론은 있었지만, 확실한 증거가 알려진 것은 1960년대 이후부터였다.

뉴욕의 슬로안 케팅 암연구소의 바이러스 학자인 프랭크 호스폴 (Frank Horsfall, 1906~1971)은 바이러스라든지 어떤 발암 요소(carcinogen) 때문에 세포 핵 속의 DNA가 변화를 일으켜 암세포로 변한다는 사실을 1961년에 발견했다. 발암 요소는 세균, 방사선, 자외선, 화학 발암물질 모두를 의미한다. 핵 속의 DNA에 변화가 생기면, 그 세포는 돌연변이를 일으킬 수 있다.

호스폴의 발견은 세계적으로 암에 대한 연구를 활성화시키는 촉진제가 되었다. 암이 발생하는 원인과 치료법이 여러 가지 알려졌다. 현재 밝혀진 가장 위험한 발암물질의 하나는 담배에 포함된 니코틴 성분이다.

# 151

## ET의 존재를 셈하는 드레이크 방정식

- 1961년 / 미국

지구처럼 지능 생명체가 살고 있을 천체가 우주 전체에 얼마나 있을까? 미국의 천문학자 프랭크 도널드 드레이크(Frank Donald Drake, 1930~)는 1961년, 약 1,250억 개의 별이 있는 우리 은하계 전체에서 지능 생명체(ET)가 살고 있을 별의 수는 다음과 같은 방정식(Drake Equation)으로 구할 수 있다고 했다.

1. 우리 은하계에서 해마다 새로 탄생하는 별의 평균 수 — (R : 10개)
2. 그 별들이 행성(行星, planet)을 거느릴 비율 — (p : 50% = 0.5)
3. 그 행성들 중에 생명체가 살 가능성이 있는 행성의 수 — (e : 2개)
4. 실제로 생명체가 발견될 행성의 수 — (l : 전부 1)
5. 그중에 지능을 가진 생명체가 있는 행성의 비율 — (i : 1% = 0.01 )
6. 그중에 외계와 통신을 할 수 있는 생명체가 있는 행성의 비율 — (c : 1% = 0.01)
7. 그들이 교신 신호를 우주로 보낸 햇수 — (L : 10,000년)

드레이크는 1960년부터 지구인의 메시지를 담은 전파를 우주로 발신하여 우주의 지능 생명체와 교신하려는 SETI(Serch for Extr-Terrestrial Intelligence) 계획을 시작했다. 지금 이 계획은 개인 차원에서 이루어지고 있다.

드레이크의 방정식은 위의 7가지 변수를 곱한 것이다. 즉

$$N = R \times p \times e \times l \times i \times c \times L$$
$$N = 10 \times 0.5 \times 2 \times 1 \times 0.01 \times 0.01 \times 10,000 = 10$$

드레이크는 그의 방식으로 10이라는 답을 구했다. 그러나 드레이크의 방정식에 대해 모든 과학자가 수긍하는 것은 아니다. N의 값은 과학자에 따라 수백만에 이르기도 한다.

# 152

## 환경 재앙을 예견한 카슨의 이론

### - 1962년 / 미국

미국의 여성 해양생물학자이며 저술가인 레이첼 카슨(Rachel Carson, 1907~1964)은 1962년 20세기의 인류 역사를 움직인 한 권의 책 『침묵의 봄』(*Silent Spring*)을 저술했다. 이 책은 "DDT와 같은 화학물질에 의한 환경오염으로 발생하는 재앙 때문에 모든 동식물이 죽어가고 인간도 병들어, 지구는 새로운 생명체가 더 이상 탄생하지 않는 소리 없는 봄을 맞게 될 것이다."라는 이론을 전개하고 있었다.

카슨은 『침묵의 봄』을 발간하고 2년 뒤인 1964년에 유방암으로 세상을 떠났다. 그러나 그녀의 책은 세계인에게 환경오염의 위험을 경고하는 계기를 마련했다.

이 책을 쓰게 된 동기는, 그녀의 한 친구로부터 "모기를 퇴치하기 위해 공중에 살포한 DDT가 새들의 알껍데기를 얇게 만들어 부화되지 못하게 한다."라는 편지를 받고부터였다. 그녀는 이후 4년 동안 살충제와 다른 유독한 화학물질이 자연환경에 어떤 영향을 얼마나 주는지 조사했고, 그 결과를 종합하여 『침묵의 봄』을 집필했다.

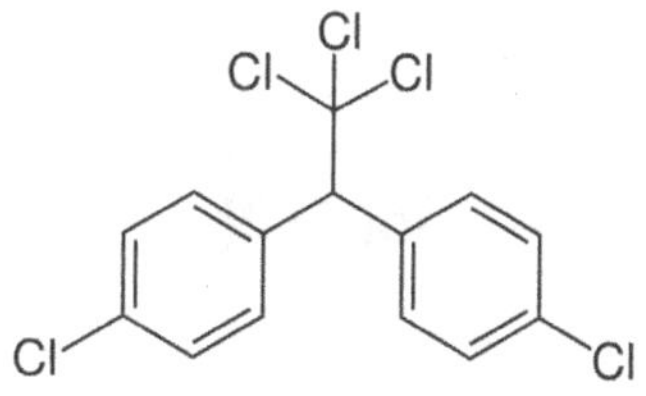

DDT는 제2차 세계대전 때부터 대량 생산하여, 말라리아를 발병하는 모기를 비롯해 이, 벼룩, 빈대 그리고 농작물의 해충을 없애는 데 사용해 왔다. 그림과 같은 분자구조를 가진 DDT는 쉽게 합성할 수 있다.

『침묵의 봄』이 출간되어 세계의 베스트셀러가 되자, 환경오염의 위험을 깨달은 많은 사람들은 대대적인 환경보호 운동을 전개하기 시작했다. DDT와 다른 화학물질들의 환경 피해가 밝혀지면서, 결국 미국은 1972년 이후 DDT 사용을 금지하게 되었다. 그 이전까지 DDT는 거의 모든 종류의 해충을 효과적으로 죽일 수 있는 가장 이상적인 살충제로 인정되고 있었다. 뿐만 아니라 DDT는 동물들의 생식기 발달에 이상을 일으키는 환경 호르몬의 주범이 된다는 사실도 밝혀졌다.

# 153

## 나비 날개 짓이 태풍을 일으키는 '나비 효과'

– 1963년 / 미국

미국의 수학자이며 기상학자인 에드워드 로렌츠(Edward Lorenz, 1917~2008)는 대기의 움직임을 컴퓨터로 처리하여 기상 예보를 하는 컴퓨터 모델을 개발한 과학자이다. 그는 기상예보 컴퓨터에서 0.506127이라는 숫자를 잘못 입력하여 0.506을 입력했을 때, 그 결과가 예상했던 것보다 너무나 달라진 것에 놀랐다.

그는 애초에 일어난 작은 움직임이 예측할 수 없는 엄청난 결과를 가져올 수 있다는 '나비 효과'(butterfly effect)를 1963년에 발표했다. 브라질 정글에 사는 나비의 작은 날개 짓이 동기가 되어 멕시코 만에 거대한 허리케인이 불어올 수 있다는 의미에서 작명(作名)한 것이다.

나비 효과의 다른 예를 들어보자. 높고 뾰족한 산정(山頂)에 놓인 공 하나가 어느 쪽으로 구르게 되는가에 따라 아래 골짜기

나비 효과를 처음 말한 로렌츠는 '카오스 이론'을 발전시킨 기상학자이다.

에서는 상상하지 못하는 대사건(산사태나 눈사태 등)이 일어날 수 있다. 애초에 공을 구르도록 한 것은 매우 작은 조건이었을 것이다. 또 홍수 때, 제방 어딘가에 생긴 작은 구멍이 어떤 큰 피해를 가져올지 알지 못한다. 광야에 발생한 작은 회오리바람이 얼마나 엄청난 규모의 토네이도로 변해 어느 곳을 휩쓸고 지나갈지 예측한다는 것은 어려운 일이다. 로렌츠의 나비 효과는 기상학에서 특히 중요하다. 1주일 이상의 장기 예보가 매우 어려운 이유도, 관측 시발점의 기상 조건을 완전하고도 정확하게 측정할 수 없기 때문이다.

나비 효과는 '카오스 이론'(chaos theory)에서 유도되었다. 카오스란 '무질서한 대혼란 상태'를 의미한다. 카오스 이론은 거대한 시스템의 상황 변화를 연구하는 수학적, 물리학적, 철학적 이론이며, 주식시장이라든가 신종 독감과 같은 전염병의 대유행, 해충의 대규모 번식, 대형 산림화재 상황 등에 적용된다.

# 154

## 소립자 퀴크에 대한 겔만 이론

### - 1964년 / 미국

미국의 물리학자 머리 겔만(Murray Gell-Mann, 1929~2019)은 1964년 소립자에 대한 새로운 퀴크 이론(theory of quark)을 발표했고, 그 영예로 그는 1969년에 노벨 물리학상을 수상했다. 그의 퀴크 이론은 중성자와 양성자[둘을 합쳐 하드론(hadron)이라 부름]가 더 이상 쪼갤 수 없는 퀴크(quarks) 입자들로 이루어져 있다고 밝힌 것이다.

겔만은 끈 이론(string theory) 수립에도 큰 역할을 했다.

당시, 미국의 핵물리학자 조지 츠바이크(George Zweig)도 같은 이론을 발표했는데, 그는 퀴크에 에이스(ace)라는 이름을 붙이고 있었다. 퀴크라는 말은 영국의 소설가 제임스 조이스(James Joyce)가 1939년에 쓴 복잡한 소설의 내용 중에서 따온 것이다.

오늘날의 입자물리학에서는 소립자들을 3그룹(leptons, quarks, bosons)으로 나눈다. 그리고 더욱 세분하여 렙톤과 퀴크에는 각각 6개의 형(type)이, 그리고 보손에는 4가지 형이 있다. 물질의 궁극적인 기본 입자를 찾는 입자물리학 연구자들은 실험 도구로 거대한 가속기(accelerator)를 사용한다. 가속기 속에서 입자의 속도를 빛에 가까운 속도로 높여 다른 입자에 충돌시켰을 때, 입자의 붕괴로 발생하는 파편들을 분석하는 방법으로 소립자들을 연구한다.

# 155

## 반도체 성능에 대한 무어의 법칙

### - 1965년 / 미국

"반도체의 집적회로 성능은 가격 변동 없이 18개월마다 2배로 증가할 것이다."

위에 말한 '무어의 법칙'은 현실로 진행되어 왔다. 1965년 4월호 〈전자 잡지〉(*Electronic Magazine*)에 처음 소개된 이 법칙의 주인공 고든 이얼 무어(Gordon Earle Moore, 1927~)는 미국의 물리학자이자 화학자로서, 인텔사(Intel Co.)의 공동 설립자이다.

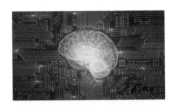

컴퓨터나 휴대 전화기에서 중심 역할을 하는 이 작은 CPU(central processing unit)에는 수백만 개의 반도체로 된 트랜지스터가 배열되어 있다. 이들을 단순히 마이크로프로세서 또는 프로세서라 부르기도 한다.

무어의 법칙은 컴퓨터의 성능이 얼마나 빨리 발전해 왔는지를 말해 준다. 예를 들어 1971년에 인텔사가 만든 손톱 크기의 집적회로(集積回路)에는 2,300개의 트랜지스터가 배선되어 있었고, 1982년에 나온 것은 120,000개, 1993년에는 3백 10만 개로 증가하여 펜티엄 컴퓨터에 사용하게 되었다. 다시 2000년에는 4천 200만 개, 2022년에는 수백억 개로 증가했다.

집적회로(集積回路)는 지극히 좁은 공간에 트랜지스터와 회로를 대규모로 배선한 것이다. 직접회로를 의미하는 영어 Integrated Circuit(IC)는 microchip, silicon chip, chip, microchip 등으로도 부르고 있다. 마이크로칩의 성능이 오르면 오를수록 컴퓨터의 작업속도가 빨라지고 기억용량이 증가하며, 센서(sensor) 기능도 다양하게 갖게 된다. 또한 컴퓨터의 크기가 축소되고 전력 소비도 줄어든다.

2005년에는 칩에 실리는 트랜지스터 수가 10억 단위로 증가했고, 2007년 이후에는 100억 단위가 생산되었다. 이 법칙이 언제 멈추게 될 것인지에 대해, 무어는 2020년까지는 계속될 것이라고 예측했다. 신문방송에 자주 등장하는 '무어의 법칙'은 무어 자신이 아니라 칼텍(Caltech)의 컴퓨터 과학자 카버 앤드리스 미드(Carver Andress Mead, 1934~)가 1970년대에 작명한 것이다.

이처럼 초고집적 회로를 만들 수 있게 된 것은, 지난 수년 사이에 나노기술(nano technology)이 빠르게 발달한 덕분이다. 1나노미터(㎚)는 10억분의 1($10^{-9}$)m이며, 원자나 분자의 크기 단위로 쓰인다. 나노기술이란 분자 규모로 미세한 회로나 특수 물질을 생산하고 가공하는 첨단기술을 말한다.

# 156

## 호킹의 블랙홀 이론

− 1971년 / 영국

블랙홀의 존재는 아인슈타인의 일반
상대성 이론에서부터 논란(116항 참조)
이 되어 왔다. 블랙홀은 일반적으로 "중
력장이 너무 커서 빛조차 흡수하기 때
문에, 그것이 있는 영역은 암흑의 구멍
처럼 보인다."고 설명한다.

이에 대해 현대의 특출한 이론물
리학자인 영국의 스티븐 윌리엄 호킹
(Stephen William Hawking, 1942~2018)
은 1974년에 블랙홀에 대한 새로운 이
론을 전개했다.

"우주가 탄생하는 빅뱅이 시작되었
을 때, 어떤 공간은 혼동 상태가 되어 팽

호킹은 루게릭병을 앓아 휠체어 생
활을 했다. 그가 1988년에 저술한
유명한 저서 『시간의 여행』(A Brief
History Time)은 장기간 전 세계 베
스트셀러였다. 이 책은 빅뱅에서 블
랙홀까지의 이론을 담고 있다.

창하지 못하고 오히려 수축이 일어나 블랙홀이 되기도 했다. 이런 블랙홀
은 질량이 곡식 낱알 정도로 작은 것도 있고 대형 행성 정도로 큰 것도 있다.

미니 블랙홀은 태양계에도 있고 지구 주변 궤도에도 있다. 블랙홀은 진짜 검지 않다. 그들은 뜨겁게 타오르고 크기가 작다. 블랙홀에서도 질량이 입자와 방사선으로 변해 외부로 방출된다(이런 현상을 '호킹 복사'라고 한다). 그러므로 블랙홀은 차츰 증발한다. 호킹 복사는 질량의 제곱에 역비례 하므로 질량이 작은 블랙홀일수록 수명이 짧다."

## 지구는 거대 생명체-가이아 가설

### - 1972년 / 영국

영국의 환경과학자인 제임스 러브록(James Lovelock, 1919~2022)은 지구의 환경 변화에 대한 '가이아 가설'(Gaia hypothesis)을 1972년에 발표했다. 그는 지구를 생명체처럼 생각하여 이러한 생각을 가지고 있다.

"지구는 생물들과 환경으로 이루어진 거대한 생명체와 같은 시스템이다. 그러므로 지구라는 생명체는 스스로 적응하며 현재의 상태를 유지할 것이다. 만일 지구의 시스템이 파괴된다면, 지구는 스스로 회복하는 능력이 있다. 인간은 자신들을 지구의 주인이라고 생각하지만, 인간은 지구의 일부일 뿐이다."

바이킹 계획 때 촬영된 화성의 표면 사진이다. 환경학자인 러브록은 바이킹 계획 중에 화성의 생명체를 찾는 장비 개발에 참여했다.

러브록이 이러한 주장을 하는 배경에는 다음과 같은 이유가 있다.

1. 지구는 태양으로부터 끊임없이 에너지를 받아왔지만, 대기의 온도는 일정하다.

2. 대기의 성분은 긴 세월이 지나도 질소 79%, 산소 20.7%, 이산화탄소 0.03%로 유지되고 있다.

3. 강물이 끊임없이 바다로 흘러들고 증발하지만, 바닷물의 염도는 항상 3.4%이다.

4. 대기 중의 이산화탄소가 많아지면, 이산화탄소는 물에 녹아 탄산이 되고, 다시 칼슘과 결합하여 석회석으로 변한다.

한마디로 이 가설은 지구를 거대한 생명체(superorganism)로 생각하고, 지구 환경은 스스로 치유하는 항상성(恒常性, homeostasis) 기능을 가지고 있다는 것이다. 만일 이 가설이 옳다면, 현재 온실가스의 증가로 인한 지구 기온 상승 현상과 빙하가 녹아 해수면이 상승하는 현상, 오존층이 파괴된 현상 등도 일정 기간 후에 스스로 정상으로 회복되어야 할 것이다.

이 가설의 명칭이 된 '가이아'는 그리스 신화에 나오는 '지구의 여신' 이름이다. 러브록은 1960년대에 NASA와 협력하여 다른 행성의 대기(大氣)를 분석하는 장치를 개발했으며, 화성탐험(바이킹) 계획 때는 화성에 존재할지 모르는 생명체를 찾아내는 장비 개발에도 참여했다. 러브록의 가설은 별달리 관심을 끌지 못했으며, 그의 가설에 반대 의견을 가진 학자가 많다.

# 158

## 오존층 파괴 원인에 대한 이론

### - 1974년 / 미국

21세기가 시작되기 전부터 인류는 오존층 파괴와 온실가스에 의한 지구 온난화와 같은 큰 재앙을 염려하게 되었다. 지구를 둘러싼 대기권은 대류 현상이 일어나는 지상 바로 위의 대류권(對流圈)과 그 위의 성층권(成層圈)으로 크게 나뉜다. 성층권은 지상 10~50㎞ 높이의 대기층이다. 이곳 대기층에는 오존(ozone)이 유난히 많이 포함되어 있어 '오존층'이라 불리기도 한다. 프랑스의 과학자가 1913년에 처음 발견한 이 오존층에는 대기 전체 오존의 약 91%가 모여 있다.

오존층은 지구상에 사는 인간을 비롯한 모든 생물들을 보호하는 매우 중요한 작용을 한다. 왜냐하면, 태양에서 오는 강한 자외선의 93~99%가 이 오존층에서 차단되기 때문이다. 만일 오존층이 없어 자외선이 그대로 지표면까지 내려온다면, 자외선의 강한 화학작용 때문에 생물들이 살아가기 어렵다.

미국의 두 화학자 프랭크 셔우드 롤런드(Frank Sherwood Rowland, 1927~2012)와 마리오 몰리나(Mario Molina, 1943~2020)는 사람들이 대량 사용하는 프레온(freon)과 같은 가스가 대기 중의 오존을 파괴시키고 있다

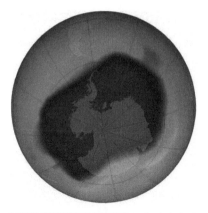

남극의 상공에 오존 구멍이 크게 나타나 있다. 오존층 파괴를 밝힌 롤런드와 몰리나 두 과학자는 1995년에 노벨 화학상을 받았다.

는 논문을 1974년에 공동으로 발표했다. 프레온 가스는 낮은 온도에서 액체로 잘 변하기 때문에 냉동장치의 냉매(冷媒)로 대량 사용하고 있었다. 프레온은 염소(Cl)와 불소(F)와 탄소(C)로 구성된 화학물질(chlorofluorocarbon, CFC)의 상품명이다.

두 과학자의 이론에 따르면,

"대기 중에 뿌려진 CFC는 빗물에 녹지도 않고 대기 상층으로 올라간다. 그곳에서 프레온은 강한 자외선 때문에 분해되어 염소 원자가 떨어져 나온다. 이 염소 원자는 오존과 만나 촉매작용을 하여 오존을 일반 산소로 분해시켜버린다. 그 결과 대기 상층부는 오존이 감소하게 된다."

이러한 논문이 나온 후, 과학자들은 남극 상공에 오존이 거의 파괴된 '오존 구멍'이 실제로 생겨난 것을 발견했다. 남극과 북극의 상공은 성층권이 다른 곳보다 낮아 오존이 먼저 파괴된 것이다. 이후부터 세계는 프레온의 생산과 사용을 규제하게 되었다.

성층권에 오존이 많은 이유는, 이곳의 산소($O_2$)가 짧은 파장을 가진 자외선을 받아 오존($O_3$)으로 되었기 때문이다. 이 오존은 긴 파장의 자외선을 받으면 $O_2+O$로 분리되는데, 이때 생겨난 O는 다시 $O_2$와 결합하여 $O_3$로 된다. 성층권에서는 이러한 산소의 변화가 되풀이되고 있다. 대기권에 포함된 소량의 오존은 강한 산화작용으로 세균을 죽이고, 냄새 물질을 파괴하는 작용을 한다.

# 159

## 공룡을 사라지게 한 운석 충돌설

### - 1980년 / 미국

고생물학자들은 지금까지 1,000여 종의 공룡 화석을 발굴했다. 공룡은 크기도 다양하고, 초식성인 것과 육식성인 것이 있으며, 두 발로 걷는 것과 네 발로 걷는 것이 있었다. 약 2억 3,000만 년 전부터 6,500만 년 전까지 1억 6,000만 년 동안 지구상에서 주인처럼 살던 공룡들이 한꺼번에 사라진 이유에 대해 과학자들은 오래도록 논의를 해왔다.

1980년, 미국의 지구과학자인 월터 알바레즈(Walter Alvarez, 1940~)는 그의 부친 루이스 알바레즈(Luis Alvarez, 1911~1988)와 공동으로 '공룡이 사라진 이유는 거대한 운석이 지상에 떨어졌기 때문'이라는 운석 충돌설을 발표했다. 이 학설은 현재 대부분의 과학자들로부터 인정받고 있다.

"6,500만 년 전 도시 크기의 거대한 운석이 지상에 떨어졌다. 그 충격으로 거대한 구름이 솟아올라 지구 전체를 마치 모포처럼 뒤덮었다. 몇 달 동안이나 태양빛을 차단했고, 엄청난 기상변화가 일어났기 때문에, 지구는 춥고 어두운 날을 보내야 했다. 이때 공룡만 아니라 지구상에 살던 약 75%의 동물과 식물이 사라졌다."

운석 충돌설이 나오게 된 것은, 지구과학자인 월터 알바레즈가 1970년대에 이탈리아의 한 암석층에서 6,500만 년 전에 퇴적된 것으로 보이는 엄청난 양의 이리듐 층을 발견하면서 시작되었다. 이리듐은 일반 암석에 극소량만 포함되어 있는 백금을 닮은 금속이다. 이리듐 층을 이상하게 여긴 알바레즈는, 1968년에 노벨 물리학상을 받은 실험 물리학자이며 그의 아버지인 루이스 알바레즈에게 알렸다.

루이스(왼쪽)와 월터 알바레즈(오른쪽)가 이리듐이 대량 발견된 이탈리아의 암석층을 조사하고 있다. 운석 충돌설은 〈쥬라기 공원〉과 같은 소설과 영화가 탄생하는 동기가 되었다.

그의 아버지는 발견된 이리듐이 지구 외부로부터 온 것이라고 단정했다. 그때 이후 지구상의 100여 곳에서 6,500만 년 전의 이리듐 층이 발견되었다. 그리하여 알바레즈 부자 과학자는 이 시기에 거대한 운석이 지구에 떨어졌다는 가설을 담은 논문을 발표한 것이다. 그러나 그들은 충돌 장소가 어디인지 미처 알지 못했다.

지구상에서 발견되는 크고 작은 운석 화구(운석공)를 조사한 과학자들은 멕시코의 유카탄 반도 끝에 있는 거대한 운석공이 그 장소일 것이라고 믿고 있다. 이곳의 운석공은 직경이 약 180㎞인데, 직경 5~15㎞의 운석이 떨어져야 생겨날 크기의 구멍이다.

# 160

## 버너스-리의 월드 와이드 웹 개념
### - 1990년대 / 미국

통신과 컴퓨터 과학의 발달은 21세기 인류로 하여금 인터넷이라는 놀라운 도구를 사용하여, 인간과 인간, 인간과 정보 사이에 접촉하는 새로운 방법과 제도를 만들었다. 인류는 이 세상에 알려진 모든 정보, 이를테면 책, 신문, 문헌, 서류, 도표, 그림, 방송 영상, 음향, 멀티미디어, 전자 우편 등(이를 hypertext라 부름)을 몇 차례의 마우스 클릭으로 잠깐 사이에 찾아, 원하는 상태로 재생해 보고, 사용할 수 있을 뿐만 아니라, 그 정보를 그대로 다른 사람(곳)에게 전달하거나 저장까지 해둘 수 있게 된 것이다. 또 인터넷은 전화와 TV까지 끌어들여 영상회의를 하고, 원거리에서 환자를 진료하도록 만들었다.

영국이 자랑하는 과학자 버너스-리는 인터넷 시대를 열게 한 공로로 2004년 엘리자베스 여왕으로부터 나이트 작위를 받았다.

인체의 신경은 뇌를 중심으로 인체 모든 곳에 연결되어 정보가 오고가도록 되어 있다. 이를 '신경 네트워크'라 부른다. 오늘날 개인이나 기관의 모든 컴퓨터(휴대

전화기까지)는 마치 신경 네트워크처럼 전 세계의 컴퓨터와 연결되어 있어, 이를 '컴퓨터 네트워크'라 부른다. 세계를 변화시킨 인터넷은 바로 지구적 컴퓨터 네트워크이다. 이 컴퓨터 네트워크는 월드 와이드 웹(World Wide Web, WWW)이라는 놀라운 소프트웨어를 사용하여, 전 세계가 통일된 시스템으로 정보를 교환한다.

미국의 인터넷 개발은 우주개발 경쟁과 동시에 시작되었다. 1960년대 말에 이르러 미국은 세계에 흩어진 주요 연구소와 군사기지 사이에 중요한 정보를 인공위성을 중계로 교신할 수 있는, 알파넷(ARAPANET)이라고 불린 초기 인터넷 시스템을 개발했다.

알파넷 개념을 처음 개발한 과학자는 UCLA의 컴퓨터 과학자 레너드 클라인로크(Leornad Kleinrock, 1934~)였다. 그는 '큐잉 이론'(queueing theory)이라는 자신의 수학 이론으로 알파넷을 개발했다. 이후 더욱 개선된 인터넷 시스템은 20여 년 동안 세상에 노출되지 않고 있었다.

전 지구인의 인터넷 시대가 열리기까지는 수많은 과학자와 기술자의 발명, 발견과 노력이 있었다. 그중에서도 영국의 컴퓨터 과학자로서 미국 MIT 교수이기도 했던 팀 버너스-리(Timothy Berners-Lee, 1955~)와 동료 과학자인 벨기에의 로베르트 가일리안(Robert Gaillian, 1947~) 등은 월드 와이드 웹(WWW)을 개발한 영웅이다. 'WWW 컨소시엄'의 대표이며, 'WWW 재단' 설립자로 활동하는 버너스-리는, 1990년에 개발한 WWW를 1994년부터 로열티 없이 누구나 사용하도록 개방했다. 과학자의 지혜와 노력이 전 인류로 하여금 오늘의 새로운 세계를 열도록 인도한 것이다.

# 161

## 월머트의 포유동물 복제 실험

### - 1996년 / 스코틀랜드

세균과 같은 하등생물 대부분은 암수 구별 없이 몸이 두 조각으로 나뉘어 자손을 만든다. 이 경우 분리된 두 세균의 핵은 똑같은 유전자(DNA)를 가지고 있다. 농업에서는 가지 일부를 잘라 꺾꽂이(삽목)하는 방법으로 증식한다. 한 나무에서 여러 개의 가지를 잘라내어 삽목한다면, 자란 어린 식물들은 어미 나무와 유전자가 같고, 어린 나무들끼리도 모두 동일한 DNA를 갖는다. 이런 번식법을 무성생식(無性生殖)이라 한다.

고등한 동물이나 대부분의 식물은 암수가 있는 유성생식(有性生殖)을 한다. 유성생식을 하면 암수의 유전자가 서로 섞이게 되므로, 부모와 자손의 유전자가 같아질 수 없다. 식물이라면 삽목이나 조직배양과 같은 방법으로 동일한 유전자를 가진 개체를 생산할 수 있다. 그러나 포유동물의 경우에는 어떤 방법으로도 같은 유전물질을 가진 개체를 복제(複製, cloning)할 수 없었다. 그러나 이 생각은 21세기를 앞두고 바뀌고 말았다.

포유동물을 복제하는 최초의 실험은 영국 로슬린 연구소(Rosline Institute)의 이언 윌머트(Ian Wilmut, 1944~)와 그의 동료 연구자들에 의해 1996년에 성공했다. 그들의 성공은 세계를 놀라게 했다. 그들은 양의 몸에서 떼어낸 작은 조직의 세포(체세포)에서 핵 1개를 꺼내어, 이것을 다른 양의 난자(卵子)에 집어넣은 후, 이를 배양액이 담긴 실험접시에 담고 세포분열을 하도록 하는 데 성공했다. 처음 1개이던 세포(난세포)는 분열을 하여 포도처럼 여러 개의 세포로 된 배세포(胚細胞, embryo)가 되었다.

월머트 연구팀은 실험에 사용한 277개의 난세포 중에서 27개의 배세포를 얻는데 성공했다. 그들은 그중에 13개의 배세포를 성숙한 어미 양의 몸에 넣어 새끼로 자라도록 했다. 약 5개월 후 그들 중 꼭 1마리가 새끼를 낳는 데 성공했다. 그 새끼의 이름은 돌리(Dolly)였고, 돌리는 세계에서 가장 유명한 양이 되었다. 아버지 없이 태어난 돌리는 2003년까지 살았다.

이처럼 어미와 동일한 유전자를 가진 포유동물을 인공적으로 탄생시키는 기술을 '동물 복제' 또는 클로닝(cloning)이라 한다. 클론(clon)이란 그리스어의 가지(branch)라는 의미를 가지고 있다. 포유동물의 복제가 성공하자, 인간 복제에 대한 가능성이 거론되었고, 동시에 사회적, 윤리적 논쟁이 시작되었다.

월머트 팀은 2000년에 그들의 기술에 대한 특허를 얻었다. 그리고 2008년 영국 정부는 그에게 나이트 작위를 내렸다. 그의 성공 이후 세계 여러 나라가 동물 복제 실험을 시작했다. 우리나라는 개, 고양이, 늑대, 돼지 등의 동물 복제 기술 선진국으로 알려져 있다.

처음으로 클로닝에 성공하여 태어난 돌리는 현재 스코틀랜드 국립박물관에 박제표본(剝製標本)으로 전시되어 있다.

# 162

## 지구 위치 확인 시스템 이론

### - 1990년대 / 미국

내비게이션 시스템(또는 GPS 시스템)을 장착한 자동차의 화면에는 실시간으로 현재의 위치가 지도상에 나타나, 목적한 길을 정확하게 안내한다. 이러한 GPS(global positioning system)는 항공기와 선박의 항로를 안내하는 필수품이기도 하다. 또한 공사장에서는 작은 휴대용 GPS 수신기를 들고, 건물의 기둥이 제 위치에 바르게 섰는지 확인한다. 사막이나 고산, 극지를 탐험하는 사람들에게도 GPS 장비는 위도와 고도를 알려주는 필수품이다.

러시아가 1957년에 미국에 앞서 최초의 인공위성 스푸트니크를 성공적으로 궤도에 올리자, 리처드 B. 커시너(Richard B. Kirshner, 1913~1982)가 이끄는 일단의 미국 과학자 팀은 스푸트니크가 어디를 날고 있는지 레이더를 사용하여 추적하고 있었다. 이때 위성이 접근해오면 도플러 효과에 의해 신호가 크게 잡히고, 위성이 멀어지면 신호가 약하게 수신되었다.

커시너 팀은 이때 각기 다른 위치에 놓인 3개의 레이더로 수신한 도플러 효과의 변화를 컴퓨터로 계산하여 위성의 위치를 정확하게 알 수 있었다. 이를 응용하여 미국은 1960년에 트랜싯(Transit)이라는 위성을 궤도에 올려 위치 확인 실험을 성공적으로 했다. 1970년대부터는 GPS 기술을 확립하여 군사 목적으로 비밀리에 사용했다. 그리고 상대성 이론을 확인하기 위해 가장 정밀하다는 원자시계를 위성에 실어, 속도가 빠르면 시간이 늦게 가는지에 대해서도 확인해보았다.

미국의 수학자이며 엔지니어인 커시너 박사는 GPS 실험용 트랜싯 위성 계획을 성공적으로 주도했다

1983년에 우리나라로서는 매우 불행하게도, 대한항공 007기가 러시아 상공으로 잘못 비행하여 러시아 전투기의 공격으로 승무원과 승객 전부가 사망하는 사고가 났다. 항로 실수로 대형 비극이 발생하자, 당시 레이건 대통령은 GPS 기술을 공개하기로 결정했다.

GPS 기술은 한 지점에서 3개의 위성으로부터 동시에 전파신호를 수신하면, 그 수신기가 놓인 위치를 알 수 있다. 1989년부터 1994년 사이에 미국은 전 세계 어디서라도 위성으로부터 정보를 수신할 수 있도록 충분한 숫자의 GPS용 위성을 궤도에 올렸다. 이때부터 GPS 수신기는 위성에서 항상 보내고 있는 전파신호를 받아, 이를 증폭시키고 컴퓨터로 처리하여 위치와 고도(高度)와 시간을 정확히 디지털 숫자나 도형으로 보여주게 되었다. GPS는 컴퓨터의 발달과 함께 미사일과 비행기의 유도 장치로, 휴대용 전화기에까지 쓰이는 가장 편리한 다용도 전자 장비의 하나가 되었다.

# 163

# 줄기세포 이론

## - 2000년대

난세포(egg cell)와 정자세포(sperm cell) 사이에 수정(授精)이 이루어 진 세포를 '수정세포'라 한다. 수정세포는 모체(母體) 속에서 세포분열을 시작하여 여러 개의 세포로 이루어진 유배(幼胚, embryo)가 된다. 유배가 분열하면 몸의 각 조직, 이를테면 근육, 뼈, 심장, 간, 눈, 피부, 이빨 등으로 분화(分化)된다. 이렇게 완전한 몸으로 변화되는 과정을 배발생(embryo genesis)이라 한다.

사고로 크게 파손된 인간의 신체 조직이나 기관 대부분은 재발생하지 않아 본래의 모습이 될 수 없다. 그러나 피부의 작은 상처나 유치(幼齒), 혈액 등의 조직에서는 필요할 때 다시 세포분열이 일어나 없어진 조직을 재발생시킨다.

그런데 유배의 세포(배세포)는 모든 조직과 기관을 만들 수 있는 신비스러운 능력을 가지고 있다. 이처럼 신체의 조직과 기관으로 분화될 수 있는 세포를 줄기세포(stem cell)라 부른다. 그러므로 줄기세포는 신체를 분화시키는 '원조 세포'(元祖細胞)인 것이다.

의학자들은 파손된 뼈나 근육, 간 등의 조직을 인공적으로 배양하여 그 자리에 대치할 수 있기를 오래도록 희망해왔다. 1960년대에 캐나다 토론토 대학의 의학자인 어니스트 암스트롱 맥컬로치(Ernest Armstrong McCuloch, 1928~)와 제임스 에드거 틸(James Edgar Till, 1931~)은 사람의 골수세포를 쥐에게 주사를 하고, 얼마 지나자 쥐의 비장에 덩어리들이 생겨나는 것을 확인했다. 그들은 생겨난 덩어리가 주사한 골수세포의 수만큼인 것을 발견하고, 골수세포가 줄기세포 구실을 한 것이라고 짐작했다. 그들은 줄기세포의 가능성을 1963년에 〈네이처〉 잡지에 발표했다.

이후부터 하등동물에서부터 고등동물 및 인간에 이르기까지 줄기세포에 대한 연구가 활발하게 진행되었다. 오늘날에는 줄기세포에 대한 기초 연구가 많이 이루어졌다. 줄기세포는 여러 가지가 있으나, 크게 둘로 나눌 수 있다. 첫 번째는 유배의 세포처럼 모든 조직을 분화시킬 수 있는 분화전능 줄기세포(totipotent stem cell)이고, 다른 것은 조직의 일부나 한 가지 기관만 분화시킬 수 있는 것이다. 우리나라의 황우석 박사는 2004~2005

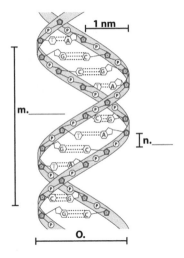

인간 유전자의 DNA 염기 순서를 밝히는 동안, DNA를 분석하는 기술과 장비가 매우 발달했다. 오늘날에는 그 장비와 기술을 이용하여 범죄 현장에 남긴 범인의 DNA 감식을 비롯하여, 시신 찾기, 친자 확인 등을 하고 있다.

년에 미수정 난세포로부터 유배 줄기세포(embryonic stem cell)를 얻는 데
성공했다.

2007년에는 줄기세포와 연관된 기초 연구자들에게 노벨 생리의학
상이 주어지기도 했다. 동물 복제 기술(161항 참조)과 줄기세포 연구는
사회적인 논란 속에서도 의학적인 높은 목적 때문에 경쟁적으로 이루어
지고 있다.

# 164

## 인간의 유전자 지도 완성

### - 2003 / 미국

미국을 비롯한 영국, 프랑스, 독일, 일본, 중국 6나라의 과학자들로 구성된 대규모 연구자들은 미국의 아폴로 달 착륙 계획에 버금가는 역사적 계획인 '인간 게놈 계획'(Human Genome Project, HGP)에 공동으로 참여했다. DNA의 이중나선 구조를 밝힌 제임스 왓슨(James Watson, 146항 참조)을 대표로 1990년에 시작된 이 계획은, 약 20,000~25,000개로 이루어진 인간 유전자의 염기 서열(序列)을 완전히 밝히는 것이었다. 30억 달러의 예산을 들여 15년 계획으로 시작된 이 사업은 예정보다 빠른 2003년 4월에 성공적으로 끝났다.

게놈(genome)은 영어인 gene(유전자)과 chromosome(염색체)을 합친 말로서, 우리말로는 '유전체'라 하고, 나라에 따라 '게놈' 또는 '지놈'으로 발음한다. 미국의 NIH(National Institute of Health)의 연구시설을 중심으로 이루어진 HGP는 21세기가 시작되는 2000년에 99%의 유전자 지도를 완성하여 1차 발표하고, 나머지 미완성 부분은 2003년까지 완성했다.

이 계획에서 밝혀진 유전자의 염기 서열 정보의 양은, 1페이지에 1,000자가 들어간 1,000페이지 책 3,300권의 양이었다. 이 엄청난 정보는 데이터베이스화되어 인터넷을 통해 필요한 연구자 누구나 사용할 수 있도록 되어 있다. 인간 게놈 계획을 실행한 목적은 크게 4가지였다.

1. 인간 유전자 지도가 완성되면, 인간의 생장과 질병 연구에 필요한 기본 정보를 갖게 된다.
2. 전 세계인의 인종 별 유전자 차이를 연구한다.
3. 인간 유전자의 돌연변이를 연구하는 기초 정보로 사용한다.
4. 인간의 진화 과정을 연구하는 자료로 사용한다.

인간 게놈 계획은 벨기에의 생화학자 발터 피어(Walter Fier, 1931~)가 1976년에 '박테리오파지'라고 부르는 바이러스의 유전자 지도를 처음으로 완성한 것이 동기가 되어 시작되었다. 현재 인간 게놈 계획 연구 팀은 계속하여 생명공학 연구에 중요한 쥐, 초파리, 이스트, 지렁이, 벼, 밀, 콩 등 식물까지 계속하여 게놈 지도를 작성하고 있다.

# 165

## 지층의 연대 법칙을 발견한 스테노
### 1669년 / 네덜란드

지구가 탄생한 후 오늘까지 46억 년이 지났다. 어마어마한 천문학적 숫자이다. 지구의 긴 나이를 1년이라고 가상(假想)한다면, 1월 1일은 지구 탄생일이고, 3월은 지구상에 하등한 단세포식물[조류(藻類)]이 생겨난 때이며, 물고기가 등장한 시기는 11월, 공룡이 살던 때는 12월 16~26일, 드디어 현대 인간이 출현한 시점(時點)은 새해가 시작되기 12분 전이었다.

장구한 지구의 역사는 켜켜이 쌓인 지층(地層, Strata)에 나타난다. 과학자들은 지층에서 발견되는 화석을 확인하거나 석회암, 석유가 스며들어 있는 셰일(Shale) 등을 조사하여 그 지층의 형성 연대를 짐작한다. 그래서 지구의 과거를 과학적으로 이야기할 때는 '지질연대'(Geologic Time)라는 용어를 흔히 사용한다.

드러난 지층을 보고 각 지층의 나이를 안다는 것은 쉬운 일이 아니다. 지질학에는 '지층누중(地層累重)의 법칙'(Law of Superposition)이라는 것이 있다. 덴마크의 과학자 스테노(Nicolas Steno, 1638~1686)가 1669년에 처음 발표한 지구과학과 고고학의 중요한 법칙 중 하나이다.

지질시대를 드러내고 있는 지층이다. 각 지층의 역사는 거기서 발견되는 화석으로 알 수 있다. 지층을 연구하는 분야를 층서학(層序學, stratigraphy)이라 한다.

지각변동이 전혀 일어나지 않은 지층의 경우, 맨 아래쪽 층이 가장 과거에 형성되었고, 제일 위층이 최근에 형성되었다는 법칙이다. 호수의 밑바닥에 퇴적물이 침전하는 상태를 보면, 위층일수록 최근에 형성된 것이다. 지질학자들은 포개진 여러 지층[누층(累層, superposition)]을 비교 조사하여 대강의 연대를 짐작했다.

그러나 지각변동으로 지층이 뒤집어지면 연대가 반대로 나타나게 된다. 지질학에서 지층의 연대를 정확히 판단하는 것은 매우 중요한 연구이다. 1950년대 이후 과학자들은 방사성 동위원소 분석법(Radiometric Method)으로 지질(地質)의 나이를 매우 정밀하게 측정하고 있다. 지층, 화석, 암석 등의 연대측정을 전문으로 연구하는 분야를 연대측정학(Geochronology)이라 하며, 이 학문의 발달에 따라 지질연대 측정 오차는 수천 년을 넘지 않게 되었다.

## 중세의 암흑시대를 밝히기 시작한
## 과학혁명의 용감한 선구자들

중세(中世) 유럽은 로마 가톨릭교회가 권력, 학문, 문화를 모두 지배하고 있었으므로, 교리(敎理)에 어긋나면 어떤 진실도 인정받을 수 없었다. 그래서 역사에서 이 시대를 암흑기(暗黑期)라 부르고 있다.

1347~1351년 사이에 아시아, 유럽, 북아프리카에 퍼진 페스트(흑사병)는 세계 인구를 약 3억 5,000~4억 5,000만 명이나 감소시켰다. 이때 유럽에서는 인구의 3분의 1인 5,000만~7,500만 명이 희생된 것으로 알려져 있다.

병균(미생물)에 대해 전혀 알지 못했던 당시에 페스트로 인해 너무 많은 사람이 죽게 되자, 유럽 사람들은 '타락한 세상에 내려진 신의 벌'이라고 생각했다. 발병만 하면 몸이 검게 변한 상태로 예외 없이 죽는 것을 본 귀족들은 가족과 하인을 데리고 외딴곳으로 피난을 갔다. 그러나 그곳에서도 페스트는 퍼졌다.

영주(領主), 귀족, 성직자들의 성(城)과 저택에서는 사람 그림자를 보기 어려워졌고, 그들의 영지(領地)와 농경지는 잡초로 뒤덮였다. 왕족, 귀족,

성직자, 백성, 노예를 가리지 않고 너무 많이 죽게 되자, 고대 로마시대부터 그때까지 유지되어온 유럽의 봉건사회는 정치, 종교, 문화, 역사에 대전환이 일어나는 하나의 계기가 발생하게 되었다.

그러한 때에 독일의 구텐베르크(Johannes Gutenberg 1398~1468)는 1455년에 금속활자를 발명하고 인쇄기술까지 개발하여 새로운 지식을 널리 빠르게 전할 수 있는 시대를 맞이할 수 있게 만들었다. 또한 1517년에는 가톨릭교회 사제였던 마틴 루터 신부가 주도한 '종교개혁'이 일어났다.

역사에서는 유럽의 역사가 암흑기였던 중세(中世)에서 근대(近代)로 대전환하는 문화의 변화를 '르네상스'(Renaissance)라 한다. 르네상스는 '재생'(再生 rebirth)이라는 의미가 있으며 우리말로 '문예부흥'이라 하며, 문예부흥기는 14~16세기라고 말하고 있다.

고대 그리스의 아리스토텔레스가 정립(定立)한 '우주의 중심은 지구이고 지구 주변을 태양과 달이 돌고 있다'라는 '지구 중심설'은 2,000년이 지나도록 그대로 믿어져 왔다. 유럽 세계가 르네상스로 온통 변하던 때, 폴란드(당시 Royal Prussia)의 니콜라우스 코페르니쿠스(Nicolas Copernicus 1473~1543)는 '우주의 중심은 지구가 아니고 태양이다'라는 '태양 중심설'을 주장했다.

아버지를 일찍 잃은 코페르니쿠스는 가톨릭교회 대주교(大主教)였던 외삼촌의 보호 아래 최고의 교육을 받으며 성장했다. 모국어인 폴란드어 외에 독일어, 라틴어, 그리스어, 이탈리아어 모두를 말할 수 있었다. 그는 이탈리아로 유학하여 볼로냐 대학에서 교회법을 전공하는 동안 천문학에 흥미를 가졌고, 뒤에는 의학까지 공부했다. 이때 대학 도서관에서 아르키메데스가 쓴 한 저서를 통해 '아리스타르코스(Aristarchos 310?~230 BC)의 지동설(地動說)'을 읽게 되었고, 그 후부터 직접 천문현상을 관측하면서 지동설을 확신하게 되었다.

그는 의사, 학자, 관료, 경제학자, 교회 간부 등의 다양한 일을 했다. 그가 1519년에 발표한 경제 이론(quantity theory of money)은 훗날 '악화(惡貨)가 양화(良貨)를 구축한다.'라는 그레셤의 법칙(Gresham's law)이 나오는 배경이 되었다.

1510년에 태양 중심설을 완성한 그는 〈요약〉(要約, Commentariolus)이라 불리는 간단한 원고를 작성하여 가까운 사람들에게 보여 주었다. 중요한 성직(聖職)을 맡고 있었으므로 교리에 어긋나는 생각을 함부로 발표할 수 없었던 것이다. 그러나 그의 이론을 이해하는 사람들은 그 내용을 세상에 알리도록 권유했다.

1529년부터 집필을 시작한 그의 저서 『천체의 회전에 관하여』는 1543년에야 출판되었다. 그 책에서 그는 '우주와 지구는 모두 둥글고, 지구도 원운동을 할 것이다.'라고 주장했다. 그의 책이 나오자 태양 중심설에 대한 찬반(贊反) 논쟁이 치열했다. 그러나 유감스럽게도 책이 출판된 그해에 코페르니쿠스는 뇌출혈로 세상을 떠났다.

당시 코페르니쿠스의 지동설을 강력하게 지지하던 이탈리아의 철학자이자 수학자이며 가톨릭 수사(修士)였던 조르다노 브루노(Giordano Bruno 1548~1600)는 교회로부터 이단(異端)으로 지탄(指彈)받아 1594년에

폴란드의 역사적인 프롬보르크 성당(1398년 완공) 정원에 코페르니쿠스의 동상이 서 있다.

체포되었다가 1600년에 화형(火刑)까지 당했다.

당시에는 천체 관측 기술이 발전하지 못해 코페르니쿠스의 주장을 증명할 수 없었다. 따라서 교회는 여전히 태양 중심설을 인정하지 않았고, 1616년에는 그의 책을 금서(禁書)로 지정했다. 이 책이 금서에서 풀려난 때는 1835년이었다.

이렇게 해서 세상에 알려진 그의 '태양 중심설'은 암흑기에 머물러 있던 천문학과 물리학이 비약적으로 발전할 수 있는 혁명적인 계기가 되었다. 그래서 역사가들은 코페르니쿠스가 중세를 근세로 바꾼 역사적 과학자로 인정하고 있다.

그가 설명한 태양 중심 이론은 불완전했지만 뒤이은 천문학자 케플러(1571~1630), 갈릴레이(1564~1642), 뉴턴(1643~1727) 등에 의해 보완되면서 지금과 같은 우주시대로 나아갈 수 있게 되었다. 그의 주장은 당시로서 교리에 어긋나는 대담하고도 획기적인 것이었다. 그래서 '코페르니쿠스적 전환'이라는 말은 '생각을 완전히 반대로 바꾸는 발상(發想)의 전환(轉換)'을 의미하게 되었다.

## 뉴턴의 자연 법칙들은 '흑사병 팬데믹' 때의 연구

2020년이 시작되면서 세계는 코로나19 팬데믹(대유행) 때문에 심각한 혼란에 빠졌다. 17세기에도 유럽 전역은 코로나19보다 더 무서운 '흑사병 팬데믹'이 휩쓸고 있었다. 특히 흑사병이 영국에서 만연하자, 런던의 명문(名門) 케임브리지 대학은 1665년부터 1667년 사이에 2년 동안 휴교를 해야 했다. 이 시기에 케임브리지 대학 학생이던 뉴턴(Isaac Newton 1642~1726)은 대학 방침에 따라 흑사병을 피해 부득이 고향 링컨셔로 돌아가 2년을 지내야 했다.

놀랍게도 2년간의 흑사병 팬데믹 동안 독학하던 뉴턴은 자연과학의 역사에서 가장 위대한 '중력의 법칙'을 발견했고, 나아가 색(色)과 광학(光學), 행성의 운

뉴턴이 이룩한 중력, 운동 등에 대한 자연 법칙은 물리학 발전의 등대가 되어 왔다. 그는 위대한 광학자로서 1672년에 최초로 반사망원경을 발명하여 영국왕립학회에서 전시했다. 뉴턴은 어두운 방에서 가느다란 태양 빛을 프리즘에 비춰보고 "태양 빛은 여러 색으로 구성되어 있으며, 모든 색을 합치면 흰색이 된다."는 것을 처음으로 증명했다.

동, 운동의 3가지 법칙뿐만 아니라 미적분학(微積分學)과 같은 수학의 발전에 혁명적인 업적을 이룩하게 되었다. 당시는 참으로 '신비로운 뉴턴의 해'였다.

뉴턴은 물리학뿐만 아니라 수학 그리고 기독교 신자로서 신학(神學)에 대한 엄청난 논문도 남겼다. 당시 뉴턴의 연구는 이전의 수많은 위대한 과학자와 수학자들의 연구를 계승하여 발전시킨 것이다. 고대 그리스의 과학자 아르키메데스(Archimedes 287~212 BC)를 비롯하여 이탈리아의 수학자 카발리에리(Bonaventura Cavalieri 1598~1647), 천문학자 케플러(Johannes Kepler 1571~1630), 영국의 수학자 윌리스(John Wallis 1616~1703), 프랑스의 수학자이자 과학자인 데카르트(Rene Descartes 1596~1650), 이탈리아의 천문학자 갈릴레이(Galileo Galilei 1564~1642), 아라비아의 수학자이며 천문학자인 알하이삼(Ibn al-Haytham 965~1040) 등이 그의 스승이었다.

대부분의 과학자들은 뉴턴을 '역사상 가장 위대한 과학자'로 인정하기를 주저하지 않는다. 과학역사학자들은 "자연 법칙에 대한 뉴턴의 위대한 발견은 흑사병 팬데믹 동안(뉴턴의 황금기)에 성취되어, 훗날 과학발전의 기초가 되었다."라고 표현하고 있다.

# 168

## 수억 년 후에는 자연의 법칙이 변할까?

2015년은 아인슈타인의 상대성 이론이 발표되고 100주년을 맞는 해였다. 과학자란 대자연이 가지고 있는 수학의 법칙을 찾아내는 학자라 할 수 있다. 아인슈타인은 "대자연은 단순한 수학으로 존재한다."라는 생각을 일찍부터 가지고 있었다.

코페르니쿠스(Nicolaus Copernicus 1473~1543)는 타계하기 직전인 1543년에 지동설을 발표했다. 이를 알게 된 덴마크의 브라헤(Tycho Brache 1546~1601)와 독일의 케플러(Johannes Kepler 1571~1630)는 '천체들이 질서 있게 운행하는 것은 신의 의도적인 지적(知的) 설계에 의해 이루어지는 것'이라고 믿었다.

이러한 견해는 프랑스의 철학자인 데카르트(René Descartes 1596~1650), 독일의 수학자이자 철학자인 라이프니츠(Gottfried Wilhelm Leibniz 1646~1716), 위대한 물리학자 뉴턴(Isaac Newton 1642~1727)도 가지고 있었다. 특히 중력과 운동 법칙을 발견한 뉴턴은 '수학 법칙'까지 신의 창조물이라고 믿었다.

'우주는 신이 정교하게 만든 거대한 기계와 같은 것'이라는 믿음을 갖게 된 17세기부터 과학자들은 자연의 질서를 수학의 법칙으로 밝히려 했다. 그래서 그때를 '신성과학(神性科學 holistic science)의 시대'라고 말한다.

천문학자이며 수학자인 진스(James Jeans 1877~1946)는 '신은 수학자이다'라고 말했다. 왜냐하면 신성과학자인 그에게 세상의 모든 물리 법칙이 수학적인 공식으로 풀이되고 있다고 믿었기 때문이다. 신성과학적 견해를 가진 과학자들에게 '수학은 인간이 발전시킨 것'이기는 하지만, 태초부터 우주에 존재하던 것으로 믿어진 것이다.

전자기파를 연구하던 독일의 물리학자 헤르츠(Heinrich Hertz 1857~1894)는 빛에 대해 실험하던 중 빛의 성질을 나타내는 수학 공식을 발견했을 때, '이 공식은 내가 찾아낸 것이 아니고 원래 자연에 존재하던 것'이라는 의미의 말을 했다. 헤르츠의 이러한 생각은 다른 많은 물리학자나 수학자들의 공감을 얻었다. 매직 수학, 수학 퍼즐, 수학 도형 등을 보면 그 속에서 수학의 신비를 발견하게 되고, 그 신비감은 '세상은 수학으로 이루어져 있다'는 생각을 가질 수 있게 한다.

태양은 매일 아침 떠오른다. 내일 아침에 해가 뜨지 않는다고 하면 아무도 믿지 않는다. 과학의 역사 속에서 새로운 자연 법칙이 발견될 때마다 예기치 못했던 신비로운 세상을 알게 된다. 뉴턴의 중력 법칙과 운동 법칙을 알게 되면서, 행성들이 어떤 궤도를 따라 언제 어디를 가고 있는 것인지, 핼리 혜성이 언제 다시 지구에 접근할 것인지, 일식(日蝕)과 월식(月蝕)이 어느 날 몇 시에 어떤 상태로 일어날 것인지, 인천 지역의 조위(潮位)가 언제 어느 정도 될 것인지 100년 후의 어느 때라도 정확히 계산할 수 있는 것이다.

우주선을 발사할 때는 우주선이 날아갈 궤도와 비행시간 등 모든 과정을 수만분의 1초 단위까지 정확히 계산하고 있다. 이것이 가능한 것은 우주가 수학의 법칙대로 움직이고 있기 때문이다. 영국의 이론물리학자 배로우(John D. Barrow 1952~2020)는 '자연이 수학으로 되어 있다는 것은 불가사의'라고 했다. 컴퓨터과학의 개척자 가운데 한 사람인 미국의 프레드킨(Ed Fredkin 1934~)과 수학자이며 우주물리학자인 티플러(Frank Tipler 1947~) 등은 정교하게 움직이고 조정되는 우주를 '완전히 프로그램된 거대한 컴퓨터'라고 말했다. 이는 우주가 컴퓨터처럼 정확하게 움직이기 때문이다.

대자연 속에 담겨 있는 수학은 '멘델의 유전 법칙'에서만이 아니라, 생명체의 모습 속에서도 발견할 수 있다. 꽃들이 만드는 아름다운 문양, 해바라기 꽃의 씨 배열, 해변에서 채집한 소라를 절단했을 때 그 속에서 발견할 수 있는 놀라운 기학 법칙, 현미경이나 전자현미경 아래에서 볼 수 있는 미생물들의 기하학적 형태, 결정체를 이룬 물질의 모습, 원자의 세계에서까지 놀라운 수학적 설계를 발견한다. 과학자들은 지금까지 알아내지 못한 대자연의 수학 법칙을 계속 발견해갈 것이다.

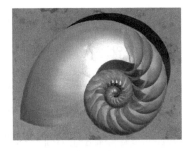

조개나 소라 껍데기를 절단해 보면 놀라운 자연의 수학을 발견한다. 사진은 앵무조개의 내부 구조이다.

생명체들도 물리 법칙을 따라 살아간다. 새들은 항공역학의 수학적 질서에 따라 날고 있으며, 인간의 뇌는 뉴런(neuron)이라 부르는 신경세포의 작용으로 고성능 컴퓨터보다 복잡하게 돌아가며 기능한다. 뇌세포의 작용을 물리 법칙으로는 설명하지 못하고 있지만, 전자기의 수학 법칙에 따라 작용하고 있을 것이다.

교과서에서 물리 법칙을 설명하는 공식들을 일반인들이 보면 매우 복잡하고 난해하게 생각되지만, 이를 연구하는 물리학자들이 보기에는 지극히 단순한 수학의 공식으로 이해가 된다. 자연의 법칙이란 지구에서만이 아니라 우주 어느 곳이든, 우주 역사 어느 때이든, 변함없는 법칙으로 예외 없이 정확하게 전개되는 현상이다. 달이라고 해서 다른 중력 법칙이 적용된다거나, 1,000년 후에 중력의 법칙이 변한다거나 하는 일은 절대로 없다. 자연의 법칙은 수억 년이 지나도 변하지 않는다. 물리, 화학만 아니라 '생명과 유전의 법칙'도 마찬가지이다. 개가 송아지를 낳을 것이라고는 누구도 생각지 않는다. 자연 법칙의 완전함을 의심하지 않는 것은 '대자연의 약속'을 확고하게 믿기 때문이다.

# 169

## 물리 법칙을 따르지 않는 양자와 양자컴퓨터의 미래

물리학자들이 1세기 이상 연구해도 그 신비가 풀리지 않는 양자(量子, quantum)는 가장 불가사의한 세계이다. 과학을 좋아하는 사람이라면 누구나 '가장 작은 존재'에 대해 흥미를 갖는다. 그것이 바로 양자의 세계이다. 양자의 세계를 들여다보려면 최근 물리학자들이 새롭게 명명(命名)하여 쓰고 있는 'wavicle'이라는 신용어를 이해해야 할 것이다.

양자물리학[양자역학(量子力學)]에서는 분자, 원자, 전자, 더 작은 핵, 입자, 광자 등에 대해 연구한다. 과학도들이 양자과학에 유난히 흥미를 갖는 이유가 있다. 그것은 원자를 구성하는 전자, 양성자, 중성자, 소립자, 광자 등[모두를 아원자 입자(subatomic particles)라 부름] 가장 작은 입자들은 일반 물리학 상식과 법칙을 벗어나는 성질을 가졌기 때문이다.

아원자 세계에서는 왜 이런 현상이 나타나는가? 빛과 전자기파를 이루는 가장 작은 양자(量子)를 광자(photon)라 한다. 즉 광자는 빛이면서 방사선이고, 최소의 에너지 덩어리이며 빛의 속도로 이동한다. 빛이 파동(波動)한다는 것은 200년 전에 알았다. 그리고 100여 년이 지난 후에는 새로운 실험을 통해 '광자는 입자처럼 운동하기도 하고, 파의 상태로도 운동한다는 것을 알게 되었다. 납득(納得)하기 어려운 이런 사실을 발견하자 물리학자들 사이에 논쟁이 시작되었다.

광자(빛)는 파(wave)인가, 입자(particle)인가, 둘 다 아닌가, 그렇잖으면 모두 맞는가? 결국 빛(광자)은 '입자인 동시에 파'임을 의미하는 '웨이비클'[wavicle, 파립자(波粒子)]이라는 용어가 나왔다. 물리학자들은 광자가 '파'의 상태이거나 입자 상태로 운동하는 것을 실험으로 측정할 수 있다. 그러나 입자와 파의 운동을 동시에 측정하는 것은 불가능하다. 그렇다고 광자가 입자에서 파(波)로 변하는 것도 아니다.

이런 현상은 광자에서만 나타나는 것이 아니다. 전자, 양성자, 기타의 아원자 입자들도 마찬가지이다. 이들 모두가 입자이며 파이다. 물리학에서는 이런 성질을 '파동입자 이중성'이라고 한다. 양자물리학의 핵심 연구가 바로 파동과 입자의 이중성이다.

천재 물리학자들조차 현기증을 느끼는 양자물리학을 그토록 중요하게 생각하는 이유는 미래의 과학에서 중요한 지식이 될 것이기 때문이다. 지금 사용하는 컴퓨터는 마이크로칩(반도체로 회로를 만들어 놓은 작은 전자 부품)의 스위치(트랜지스터)가 ON, OFF 하는 방법으로 가동하고 있다. 그런데 미래의 컴퓨터는 양자로 동작하는 양자컴퓨터(Quantum Computer)로 발전할 것이다. 양자컴퓨터는 아원자 입자(양자)가 ON, OFF 하면서 지금보다 수천 배 더 빠르게 계산할 것이라고 한다.

현재 사용하는 컴퓨터는 전자를 이용하는 '전자컴퓨터'이다. 전자컴퓨터는 이진(二進) 논리작업을 마이크로칩의 수많은 트랜지스터가 한다.

빛의 웨이비클을 사용하는 양자컴퓨터를 광디지털컴퓨터(Optical Digital Computer)라 한다. 이것 역시 이진법을 사용하게 되고, 지금의 전자 컴퓨터와 호환도 가능하게 될 것이다.

양자컴퓨터에 대한 구체적인 구상은 21세기에 들어와 시작되었다. 미래의 양자컴퓨터는 광트랜지스터(Optical Transister)가 논리작업을 하게 되며, 중앙처리장치(CPU)의 능력과 대역(帶域, bandwith)은 수천 배 확대될 것이다.

양자론은 직감이나 추측으로 이루어지고 있는 것이 아니다. 양자론에서는 상상이 안 되고 증명할 수도 없는 논리를 사실로 받아들여야 한다. 양자론은 천재 물리학자들이 100년을 연구해도 명확하게 설명하지 못한다. 양자론은 실험으로 증명할 수 없기 때문에 이론물리학이라 불린다. 이론물리학자들의 연구 내용은 아무리 설명을 들어도 일반들이라면 이해가 불가능할 것이다. 그렇지만 미래의 세계는 이런 과학자들이 창조해가고 있다.